SECOND

RAPPORT

SUR

LES MÉRINOS,

FAISANT suite au premier Rapport imprimé, en date du 30 Mars 1816;

Par M.^r le Comte CHARLES DE POLIGNAC, Maréchal des Camps et Armées du Roi, Employé dans la 15.e Division Militaire, Commandant le Département de l'Eure.

A ÉVREUX,

De l'Imprimerie d'ANCELLE fils.

1817.

SECOND RAPPORT

SUR LES MÉRINOS.

A Son Excellence Monseigneur le Ministre Secrétaire d'État au Département de l'Intérieur,

MONSEIGNEUR,

IL est tout à la fois si satisfaisant pour l'honnête homme de s'occuper essentiellemeut des choses qu'il croit utiles à son pays, et si encourageant de poursuivre ses travaux, quand de premiers efforts ont été couronnés de quelques succès, que Votre Excellence, partageant plus que personne des sentimens aussi naturels, daignera sans doute accueillir avec bienveillance le nouveau Rapport que j'ai l'honneur de lui adresser.

Peut-être même arrivera-t-il qu'elle voudra saisir cette occasion de consacrer par son attache personnelle, l'authenticité de résultats certains qui me paraissent d'une importance réelle, quand ils tendent à réunir définitivement à l'intérêt de nos finances, ceux du Commerce, de l'Agriculture, de l'Industrie nationale, du Consommateur, qui est la nation, et par conséquent tous ceux de l'Etat.

Quoiqu'il advienne définitivement du travail auquel je m'applique depuis tant d'années, j'ai déjà obtenu à cet égard des preuves trop authentiques des dispositions favorables du Gouvernement, pour craindre que les choses vraiment utiles, que j'aurais pu dire ou faire, soient devenues étrangères à sa mémoire ; mais j'ai pensé que dans un second Rapport, qui me paraît devoir serrer le but d'encore plus près, il était, en quelque sorte nécessaire, pour ceux qui n'auraient aucune connaissance de mes premiers écrits, ou qui les auraient oubliés, de diviser celui-ci par chapitres, de manière que le Lecteur ne pût y prendre que les parties les plus analogues à ses vues particulières, et trouver cependant dans l'ensemble tout ce qui peut piquer sa curiosité, mieux co-ordonner les bases du système nouveau que je me suis créé, pour atteindre avec certitude le plus haut point de perfection possible, et enrichir infailliblement notre Patrie des meilleures laines du monde.

A cet égard, Monseigneur, je ne rabattrai rien des prétentions légitimes que je leur attribue pour la confection du drap proprement dit, et j'espère le démontrer un jour par la force des expériences annuelles, sans puiser dans d'autres sources que dans les dépouilles également annuelles des Troupeaux que j'exploite.

Si j'atteins définitivement ce but, si j'ai réellement trouvé un nouveau mode d'exploitation qui renverse tous les obstacles, et qui, simple en lui-même, pulvérise toutes les difficultés, j'aurai, en le publiant, loyalement acquitté le tribut que tout homme en naissant doit à sa Patrie ; j'aurai aussi placé mon grain dans la balance de la prospérité publique , et cette jouissance, à laquelle j'espère toucher , fut toujours infiniment vive dans un cœur véritablement Français.

C'est dans cette intention , Monseigneur , que je crois devoir diviser ce Rapport ainsi qu'il suit :

» *Précis historique de l'introduction des Mérinos en France ;*

» *Exposé succinct des causes accidentelles qui ont* » *failli opérer leur destruction , et résultats de la* » *lutte qui, en 1814 , s'est engagée devant le Lé-* » *gislateur ;*

» *Motifs qui ont dicté mon premier Rapport ;*

» *Analyse de ce Rapport ;*

» *Expériences demandées ;*

» *Résultat des expériences établissant la qualité des* » *laines françaises ;*

» *Nouveau système d'Agriculture et idées préli-* » *minaires ;*

» *Nouveau mode d'exploitation des troupeaux de pure race ;*

» *Organisation intérieure ;*

» *Surveillance et administration ;*

» *Subsistances ;*

» *Ventes ;*

» *Résumé des parties historiques et administratives*
» *de ce Rapport ;*

» *Bases acquises en faveur de l'Etablissement de*
» *Mérinos en France ; moyens de les y naturaliser*
» *définitivement, et conséquences vues en grand dans*
» *les intérêts de l'Etat ;*

» *Conclusions et Pièces justificatives.*

Précis historique de l'introduction des Mérinos en France.

Quelques années avant la révolution, le Roi d'Espagne avait accordé à Sa Majesté LOUIS **XVI**, un troupeau de pure race infiniment distingué : ce généreux Monarque y avait pressenti un nouveau bienfait à ménager à ses peuples.

Cependant, des préventions de toute espèce accompagnèrent les Mérinos ; les Cultivateurs craignirent de se compromettre en essayant ce qu'ils ignoraient, et à peine calculait-on en France quelques particuliers plus téméraires ou plus éclairés qui commençaient à s'en occuper sérieusement, quand en 1789, éclata la révolution.

Avec elle naquit le vertige des démolitions ; bientôt la chaleur des esprits devint si bouillante, qu'on n'aperçut de salut que dans un renversement complet : il arriva même que quelques-unes des têtes plus ardentes, ayant posé en principe que la

France pouvait se passer de l'Univers , la conséquence qu'on en tira fut qu'il fallait en fermer les barrières, afin d'empêcher qu'une malveillance intéressée ne pût troubler le triomphe des idées nouvelles , qui devaient assurer le bonheur !

Nos barrières furent aussitôt fermées; et, dans la longue nomenclature des exportations prohibées , se trouvèrent comprises les laines françaises.

Sous ce nom générique , il est bien difficile de croire que le Législateur eut alors la pensée sérieuse de comprendre les laines fines dont on apercevait à peine quelques échantillons ; mais par leur nature , les lois ont toujours une vaste capacité, et de ce qui était alors indifférent comme à peine aperçu, dévaient un jour sortir des conséquences aussi étendues, que la loi pourrait servir d'intérêts particuliers, car une loi conserve la plénitude de la force aussi long-tems qu'elle n'est point rapportée.

La révoluion suivit son cours, les lois restèrent ce qu'elles étaient ; des guerres plus ou moins actives continuèrent à nous isoler ; mais tandis qu'on se battait de tous les côtés , les années d'expérience apprirent au Cultivateur que les Mérinos pouvaient s'acclimater en France , comme leur dépouille nous donner les plus beaux résultats. Dès-lors , ils acquirent du crédit , ils devinrent même de mode , chacun voulut en avoir , et il se trouva aussi des hommes dont les vues plus profondes perçant l'avenir , jugèrent qu'ils finiraient entre autres avantages , par soustraire la France au tribut onéreux que les besoins journaliers de ses Manufactures la forçait de payer aux étrangers.

Les choses étaient en cet état, tout concourait à l'utilité publique, quand malheureusement pour les Mérinos français, nous franchîmes les Pyrennées ; cette circonstance déchaîna le démon de la cupidité ; ils jouissaient de la plus haute faveur ; donc il fallait s'en procurer, et toutes les digues étant rompues, chacun fit les spéculations qui se trouvaient à sa portée.

Quelques particuliers obscurs ne furent chercher en Espagne qu'un simple droit de courtage ; des hommes mieux placés importèrent pour eux-mêmes ; d'autres investis du plus puissant crédit, recueillirent les fruits matériels de l'invasion ; mais ne pouvant se dissimuler la supériorité effective des troupeaux acclimatés d'origine, sur ceux qui ne faisaient qu'arriver, de l'abus du pouvoir, on vit sortir le funeste décret du 8 Mars 1811.

Ce fut tout à la fois un chef d'œuvre d'imprévoyance en maximes d'Etat, une abnégation officielle de tous les principes connus, un acte de despotisme le plus outrageant, et je dirais même, de barbarie ; car ce décret ruinait tout à la fois des familles sans nombre, qui s'étaient livrées aux vues du Gouvernement, il coupait jusque dans sa racine l'une des branches les plus importantes de l'économie rurale, livrait toutes les fortunes particulières de cette espèce à la décision, peut être arbitraire, de gens souvent mal informés , et n'offrait sous de pompeux dehors, d'autre effectif réel , que de consentir la distribution légale de quelques millions puisés dans les caisses de l'Etat , en faveur des mêmes élus qui, peut-être aussi , avaient provoqué ce décret.

Un acte aussi dépourvu de toute morale, produisit bientôt des fruits analogues au sol dans lequel il avait germé ; il donna la mort en prêchant la vie ; le Gouvernement qui s'en aperçut, restreignit ses libéralités ; mais le fantôme conservant encore toute la malignité de son influence , (bien que la lettre du décret ne fut plus observée), le Cultivateur écrasé poursuivait la destruction journalière de ses établissemens , quand avec le retour du Souverain légitime , se reproduisirent enfin toutes les espérances qui l'étaient aussi.

D'autres prétentions encore plus puissantes pesaient en même-tems sur l'Agriculture ; elles étaient d'autant plus redoutables, que basées sur les lois de l'Etat , il fallait nécessairement une loi nouvelle qui abrogeât celle existante.

L'exportation des laines françaises, comme celle des troupeaux était interdite, en sorte que les bergeries françaises étaient le domaine absolu du négociant, et l'Agriculture se trouvait en quelque sorte parquée sous les lois d'un berger intéressé, qui était le Commerce.

L'importation des laines étrangères jouissait au contraire de toutes les faveurs de la loi, et la conséquence inévitable d'une aussi fausse législation, avait soumis l'Agriculture française à la glèbe absolue du Commerce industriel.

Une autre circonstance accidentelle, émanée de notre invasion en Espagne, vint achever l'Agriculture; d'énormes magasins se formèrent à Bayonne, toutes les laines extraites de l'Espagne à titre de conquête y arrivèrent; le Gouvernement, dans l'espoir d'en tirer meilleur parti, les fit venir à Paris: des églises entières en furent encombrées, et il fallut en consentir la vente à des prix qui parurent aussi modiques que les facultés de paiement étaient grandes. La surabondance instantanée des matières premières enfanta tout naturellement leur avilissement : le modeste Cultivateur forcé de vendre pour payer son tribut à l'Etat, enchaîné d'un autre côté par la loi qui lui interdisait l'exportation, fut contraint de se rendre à discrétion; et pris sans défense, il reçut ainsi la loi qu'il plût au spéculateur en laine de lui imposer.

Ces spéculateurs commirent l'imprudence de la rendre trop austère; de l'excès d'un despotisme aussi abusif, devait naturellement sortir la liberté à la première explosion, et ce fut pour essayer de l'obtenir, que plus profondément blessé qu'un autre, le désespoir me précipita dans l'arène.

Les archives de Votre Excellence lui justifieront que j'ouvris la première tranchée; les grands corps de l'Etat étaient rassemblés, je jugeai les esprits suffisamment échauffés, pour ne pas douter qu'une simple étincelle pouvait produire un incendie ; je jettai le gant dans un petit factum imprimé qui produisit assez d'effet pour engager la controverse : des hommes plus éclairés que moi se chargèrent de la défense ; la lutte s'engagea devant le Législateur, et nous obtînmes définitivement, sinon tout ce que nous avions demandé, du moins ce qui pouvait déjà soulager l'Agriculture.

Le décret du 8 Mars 1811 fut rapporté ; la libre exportation des laines accordée sous la réserve d'un droit de sortie ; l'exportation des Béliers autorisée, tandis que celle des Brebis demeura interdite, et l'importation des laines étrangères fut simplement soumise au droit de balance.

Telle est, en peu de mots, la Législation qui nous gouverne aujourd'hui. Et ce simple exposé me paraissant devoir suffire à l'intelligence de ce qui va suivre, je passe maintenant aux nouveaux motifs qui, pour la seconde fois, me forcèrent à reparaître sur l'horizon.

Motifs qui ont dicté mon premier Rapport.

Le sceptre de fer qui venait de tomber des mains du spéculateur, lui avait été trop profitable, pour qu'il ne fut pas très-séduisant de chercher à s'en ressaisir. Je n'accorderai cependant jamais qu'il soit entièrement légitime de tout sacrifier à son intérêt personnel, mais enfin, il existe des séductions bien puissantes, le Commerce, un peu cosmopolite de sa nature, a aussi ses défauts, il ne faut d'ailleurs, en matière de commerce, qu'un fort petit nombre de particuliers plus riches, plus répandus ou plus entreprenans, pour mettre en agitation tout ce corps politique : ce sont des Généraux en chef qui font mouvoir leur armée ; il n'est pas bien prouvé que tous les soldats acquiescent secrètement à la légitimité intrinsèque de l'entreprise, mais, placés dans les rangs, ils ne déserteront pas leurs bannières ; et attendu que l'issue de la conquête ne peut qu'ajouter à leurs jouissances personnelles, que leur importe au fonds l'affliction de quelques provinces, ils ont aussi fait la guerre et en partagent les lauriers.

Cependant, c'est au Gouvernement, père commun de tous ses sujets, qu'il appartient exclusivement de les juger, après les avoir placés préalablement en présence les uns des autres, et les avoir également pesés dans la balance organique du bien général.

Quoiqu'il en soit, dans le courant de mars de l'année dernière, je fus positivement informé qu'il existait des démarches très actives, ne tendant à rien moins qu'à déterminer le Ministère de l'intérieur à profiter d'une certaine latitude que lui laissait la loi de 1814, pour étendre certains amendemens, dont les conséquences bien prévues, n'auraient été au fond que la concession d'un nouvel impôt, placé par le Commerce sur l'Agriculture.

J'aperçus de tous les côtés des mouvemens pré-
paratoires, tendant à ébranler la confiance du cultivateur, dont la foi encore bien chancelante, n'était
pas assez robuste pour supporter de nouvelles se-
cousses.

Je crus très-bien savoir que, parmi ceux qui tra-
vaillaient auprès du ministère, il pouvait se rencontrer des hommes réunissant en la cause, le double
intérêt personnel de négocians en grand et de propriétaires de nombreuses fabriques.

D'un autre côté, la saison préparatoire à la vente
des laines s'approchait ; les courtiers commençaient
à parcourir nos campagnes, à y entamer des mar-
chés, ils y semaient des bruits de nature à atténuer
la confiance qu'avait inspiré la loi dernière, ils traitaient de fables mes assertions présentes sur les propriétés de nos toisons entières, et insinuaient les
erreurs ayant pour but de faire croire qu'il n'y avait
qu'une médiocre portion de la dépouille de nos
troupeaux français, qui pût entrer dans la confection
des draps de première qualité.

Ayant prévu toutes ces entreprises, je m'étais posté
de manière à les combattre ; j'étais peut-être le seul
propriétaire français qui eût pris position, et fort
des preuves légales que je pouvais immédiatement
produire, sentant qu'il y allait, pour la seconde fois,
des débris de ma fortune comme de tous les intérêts
de l'Agriculture, je n'hésitai plus à rendre publiques
des vérités utiles, qui me semblaient adaptées à la

circonstance : et telles furent , Monseigneur , les motifs qui déterminèrent la publicité de mon premier Rapport, dont je crois qu'il convient encore que je donne ici l'analyse, afin de ne point interrompre la chaîne des conséquences qui doivent conduire à mes conclusions et leur prêter la force qui pourrait alors leur appartenir.

Analyse de mon premier Rapport.

J'ouvris ce Rapport par un exposé sommaire du nouveau mode d'exploitation que j'avais adopté, le disant préférable à tous ceux pratiqués avant moi ; j'en déduisis les avantages sous le point de vue de la dépense comparative, et je justifiai qu'en réduisant celle-ci des deux tiers, en ne faisant plus valoir, je ne m'en réservais pas moins la plus entière indépendance touchant l'administration intérieure. Je dis et prouvai, je l'espère, que mon système reposait tout à la fois sur la raison, la justice, l'intérêt personnel des fermiers qui traitaient avec moi, que rien n'y était omis pour garantir la perfection comme la sûreté des races, me ménager la latitude indispensable aux opérations commerciales, et le droit des mutations journalières qu'exige la conduite intérieure des troupeaux de race bien tenus. En un mot, j'expliquai bien moins un système, que je ne mis à découvert les rouages d'un mécanisme réalisé.

Je touchai ensuite une corde plus délicate, en
jetant en avant quelques calculs provisoires, tendant
à prouver que le Commerce ainsi que l'Industrie,
pouvaient fort bien laisser vivre l'Agriculture, et
même fleurir avec elle ; je n'écrivis que l'indispen—
sable, et fis seulement pressentir que si l'on m'y
forçait, j'étais positivement en mesure d'aller beaucoup plus loin. Je ne désirais employer que des
armes courtoises, et pouvais-je en saisir d'autres,
quand je pense et professerai éternellement, que
personne n'apprécie mieux que moi la haute utilité du
Commerce, n'admire davantage l'Industrie, ne rends
plus d'hommages aux ressources qu'ils versent dans
l'ordre social, et ne les juge, l'une et l'autre, plus
entièrement nécessaires pour aider la France à réparer
les brèches faites au corps de l'Etat, par les maladies
politiques qui l'ont si malheureusement agitée.

Ainsi, je ne voulais point et ne voudrai jamais
lancer la pomme de discorde entre les corporations
de l'État qui se sont mutuellement nécessaires, et qui
toutes appartiennent à la grande famille. Je n'ai voulu
demander que des limites ; ma requête était juste,
quand j'avais la certitude de nouvelles provocations
aussi sérieuses que directes, et comme Agriculteur,
on me verra dans toutes les occasions défendre bien
franchement les nôtres.

Je parlai ensuite de la loi de 1814, dans laquelle
je savais que des spéculateurs doublement intéressés
trouvaient de trop grands coups portés aux profits

gigantesques dont ils avaient contracté la longue
habitude ; j'y opposai quelques principes à la portée
de tous les jugemens, et me contentai d'indiquer en
thèse générale, que cette loi selon moi avait un défaut
bien différent, puisque je croyais trouver dans les
réserves qu'elle contient, des entraves à l'élan qui me
semblait utile.

Je signalai entre autres le droit de sortie imposé
sur les laines françaises, qui sans doute très-peu
lucratif, me parait bien prématuré, et dans lequel
j'aperçois tout au moins, de même que dans la
défense d'exporter les Brebis, des mesures gênantes,
qui, bien loin d'ajouter à leur propagation, ne peuvent
qu'en arrêter l'essor ; mais, attendu que la suite de ce
Rapport doit naturellement me ramener vers ce sujet,
je crois devoir m'arrêter ici, et chercherai un peu
plus tard à mieux développer ces deux opinions.

Je posai ensuite en principe positif, fondé sur
expériences faites, que les laines françaises de première classe avaient une supériorité incontestable sur
les laines d'Espagne de première qualité.

Je dis que la dépouille entière de nos premiers
troupeaux entrait sans exception d'aucune des parties
de la toison, dans la confection des draps de première qualité, ce qui ajoutait considérablement à leur
mérite ; qu'ainsi, le tems était venu d'éclairer le
Cultivateur, sur la valeur intrinsèque de la matière
première entièrement due à ses travaux ; que les
conséquences du monopole que l'on exerçait sur une

crédulité sans défense, détruiraient la chose publique ; que pour faire fleurir l'Agriculture dont le
Gouvernement encourageait les travaux dans toutes
les occasions, il ne fallait pas commencer par la
tuer ; de même que pour soustraire la France au
tribut qu'elle payait aux étrangers, l'Etat avait
besoin que l'Agriculture vécut, puisque, source
unique et première de toutes nos prospérités, hors
d'elle, le tiers industrieux lui-même n'exploiterait
plus que des chimères.

Envisageant ensuite cette importante affaire sous
un point de vue plus durable et entièrement politique, je jetai encore en avant que la France ne
posséderait cette nouvelle richesse que d'une manière
entièrement provisoire, aussi long-tems qu'elle ne
s'attacherait pas à se créer des piles à l'instar de
celles d'Espagne.

Par le nom de piles, j'entendis et j'entends ces
troupeaux infiniment nombreux, qui de génération
en génération, continuant d'appartenir, sans division
ni mélange, aux mêmes familles, conservent toutes
le caractère particulier qui leur est propre, parce
qu'il ressort et ressortira éternellement de la qualité des parcours où les troupeaux stabulent ; mais
la démonstration de ces vérités essentielles, sans
la possession desquelles nous ne tiendrions rien,
appartenant de droit à la dernière partie de ce
Rapport, je crois devoir, Monseigneur, suivre plus

méthodiquement la marche des circonstances préa-
lables qui me concernent.

* * *

Expériences demandées.

Désirant enfin conclure mon premier Rapport
d'une façon qui me semblait de nature à donner
plus de crédit à mes assertions, j'aborderai franchement la difficulté, suppliant le Gouvernement
de vouloir bien ordonner que dans les vues de
terminer de si longues controverses et d'aussi fati-
guantes incertitudes, on fît des expériences.

» Je demandai qu'il fût ordonné que des Com-
» missaires Royaux à ce délégués, assisteraient à la
» tonte de mes troupeaux, qu'ils seraient tondus en
» leur présence par troupeaux entiers, pris indistinc-
» tement et sans choix; qu'on prendrait pour les
» expériences des laines de Béliers, de Brebis,
» d'Anthenoises et de Moutons, en un mot, des
» laines de toutes les espèces;

» Que ces toisons, prises sur le dos de l'animal,
» seraient immédiatement ployées, comptées, pesées
» et enfermées dans des balles garanties du sceau
» de l'Etat;

» Que procès-verbal des formalités remplies serait
» dressé par Messieurs les Commissaires, en présence
» des Autorités locales; que nos produits ainsi

» constatés, seraient adressés à M. le Préfet du
» Calvados, transmis par celui-ci à M. le Préfet de
» l'Eure, qui de son côté nommerait d'autres Com-
» missaires choisis parmi les membres les plus
» éclairés des Fabriques de Louviers;

« » Qu'à l'arrivée des laines à Louviers, ces nou-
» veaux Commissaires constateraient par procès-verbal
» rédigé en présence des Autorités administratives
» et civiles, l'identité de toutes choses, qu'ils
» feraient ensuite exécuter et suivraient tous les
» procédés de la fabrication, en observant de faire
» fabriquer :

« » 1.° Des draps avec les toisons entières, sans
» réfraction d'aucune des parties basses de la toison ;

» 2.° D'autres draps avec la prime seule, extraite
» de mes toisons ;

« » 3.° Que, pour point de comparaison, on choisi-
» rait la plus belle prime d'Espagne qui se trouverait
» dans les magasins (1); que, suivant toujours les
» mêmes procédés de fabrication, donnant le même
» nombre de fils à la chaîne, employant les mêmes
» ouvriers, teignant dans les mêmes couleurs, on
» obtiendrait ainsi des comparaisons certaines ;

» 4.° Et enfin, que les draps d'expérience entiè-
» rement confectionnés, ce serait encore sous les
» yeux des mêmes Commissaires et des mêmes

---

(1) C'est la prime d'Albaéral qui a été choisie.

» Autorités locales, que les draps bien reconnus,
» portant des numéros certains, conformes aux livres
» de fabrique, seraient emballés, clos du cachet
» administratif, procès-verbal dressé ; le tout renvoyé
» à M. le Préfet de l'Eure, transmis par lui au Mi-
» nistère de l'Intérieur, et par celui-ci soumis au
» jugement définitif d'un jury national, qu'il plairait
» à Son Excellence de vouloir bien instituer à cet
» effet. »

Telles furent mes demandes, tels ont été les ordres de Votre Excellence à MM. les Préfets du Calvados et de l'Eure, et telle a été l'exécution consacrée par toutes les pièces officielles dont les ampliations en forme sont entre mes mains.

***

Résultat des expériences établissant la qualité des laines françaises.

Ces draps d'expérience étant parvenus au Ministère avec tous les rapports officiels et pièces à l'appui, Votre Excellence ne voulant rien laisser à désirer au public sur le mérite d'une décision à laquelle se rattachent de grands intérêts, s'est occupée de n'y appeler que des hommes dont le mérite et les lumières suffiraient pour consacrer en principe certain ce qu'ils viendraient à prononcer officiellement ; puis voulant aussi que les différens intérêts fussent entièrement balancés, elle a choisi les juges en

nombre égal , pris parmi les flambeaux de l'Agriculture comme dans ceux du Commerce, en présence
des Arts et Métiers ; elle a nommé :

Pour l'Agriculture.

M. le Comte *Morel De Vindé* , Pair de France. ,
Président.

M. le Comte *De Lasteyrie.*
Et M. *Tessier.*

Pour les Manufactures et le Commerce.

M. le Baron *De Neuflize.*
M. *Ternaux* ainé.
M. *Decretot.*

Pour les Arts et Métiers.

M. *Bardel.*

La santé de M. *De Vindé* l'ayant empêché d'ac-
cepter la Présidence, elle fut dévolue à M. *De
Lasteyrie.*

M. *Tessier* , absent de Paris , a été remplacé par
M. *Ivart.*

M. *Decretot* étant venu à mourir , la Commission
composée de sept membres dans le principe, s'est
trouvée réduite à cinq.

Et c'est elle qui , sous la date du 10 Juillet
dernier, a rendu à l'unanimité la décision définitive ,
dont copie textuelle se trouve annexée aux pièces

justificatives , sous le n.° 1.er , ainsi que la satisfaction personnelle de Votre Excellence , consignée
dans sa lettre d'envoi , sous le n.° 2.

Ainsi , Monseigneur , ce long procès est enfin
jugé en dernier ressort : la France , quand elle le
voudra , deviendra maintenant indépendante du
tribut qu'elle payait à l'Espagne , elle est déjà
reconnue plus riche qu'elle en qualité, car *l'Espagne ne peut pas , voilà la décision*, tandis que je
peux , au contraire , aborder maintenant avec
sécurité le développement de mon nouveau système
d'Agriculture , fondé sur les lois qui nous gouvernent , comme sur la division infinie de nos domaines ;
et j'espère qu'après m'avoir complètement entendu,
la voix publique prononcera qu'il peut et doit réellement devenir en ce genre la base essentielle de
tous les succès utiles à mon pays.

Nouveau système d'Agriculture et idées préliminaires.

En toutes choses , Monseigneur , il faut partir
de points fixes; car il n'a jamais existé d'édifice
durable qui n'eut ses colonnes.

Le précieux troupeau de Rambouillet sera toujours
la pierre fondamentale; mais elle est devenue trop
étroite pour le monument qui s'élève.

Les bases fondamentales en fait d'animaux , sont

les haras publics , distingués et certains ; ils doivent être proportionnés aux besoins de l'Etat ; et en cette espèce , le Gouvernement ne peut seul y fournir.

Un Gouvernement agit dans les vrais principes , quand il entretient des troupeaux de modèle , quand il apporte son attention , emploie ses richesses , déploie ses vastes moyens à perfectionner ses haras , car il devient alórs l'exemple , le garant infaillible de la sûreté publique , et il conserve essentiellement le trésor de l'Etat.

Mais tout Gouvernement qui dépasse ces limites , qui , au lieu de consentir des dépenses paternelles , envisage dans ses déterminations une spéculation mercantile ou un impôt futur à placer , devient fiscal , accapareur , tue l'industrie , abandonne sa dignité , détruit tout ; et voilà le décret du 8 Mars 1811.

Sous le rapport des haras : Si leur principe est également bon , les soins habituels entièrement égaux , les plus nombreux seront toujours les meilleurs , par cette raison bien simple que la nature a aussi ses hasards , et qu'il y a toujours plus de chances en faveur des nombreux bataillons que des petites phalanges.

Ce principe , essentiellement vrai en lui-même , est notamment certain en fait de Moutons , car il est bien positif qu'il sortira un bien plus grand nombre de Béliers de choix d'un troupeau de trois

mille Brebis , que d'un autre également bon , dont
la souche ne se composera que de trois cents.

Ainsi pour l'Etat , l'utilité publique se trouve
placée en ceci, qu'il advienne des Agriculteurs
éclairés et probes , qui voient en grand et qui
fondent des propriétés héréditaires incommutables ,
exemptes s'il est possible de division.

Pour cultiver en grand les troupeaux de pure
race , il n'y avait jusques à moi que deux méthodes
pratiquées : le cheptel légal , ou le faisant-valoir par
soi-même.

Le faisant-valoir par soi-même peut réussir lors-
qu'il existe, comme en Espagne , en Hongrie ou
ailleurs, d'immenses domaines dont quelques grands
Seigneurs livrent le pâturage à leurs nombreux troupeaux ; mais en France, les propriétés sont trop
circonscrites, le faisant-valoir le plus étendu ne
saurait enfanter des piles à citer ; ce ne peut être
tout au plus qu'un berceau un peu plus large.

Le faisant-valoir le plus considérable n'y deviendrait que la folie la plus marquante, et serait
toujours iufiniment petit, en comparaison des parcours indispensables pour arriver à nous créer des
piles durables.

Cette manière d'exploiter est soumise à tant de
chances meurtrières, qu'il est impossible de leur
échapper, et je n'en citerai qu'une seule dans l'ordre
de la nature.

Je suppose qu'un régisseur en chef vienne à mourir : je demande ce que deviendra le plus bel établissement ? J'ai subi toutes les épreuves, je sais ce qu'on doit en penser, et je me bornerai simplement à dire, que quiconque les entreprendra sans domaines immenses, y sera dévoré ainsi que ses bergers, ses troupeaux et ses chiens.

Parlerais - je du cheptel légal ; ici j'en appèle à tous les propriétaires qui en ont essayé ou qui suivent encore cette mauvaise méthode.

Elle n'est pour eux qu'une nouvelle façon de végéter dans le même état, en attendant que le capital diminue par l'extension de l'espèce ; trop heureux même seront-ils, si, sans cesse exposés aux effets de l'ignorance ou de la mauvaise foi, ils conservent leur souche ce qu'elle était, et ne vont pas jusqu'à perdre leur race.

Quand il n'y avait aucune sorte de commerce, comme durant les quatre années qui ont suivi le décret du 8 Mars 1811, les bêtes de race n'ayant alors aucune valeur, cette méthode n'avait contr'elle que les inconvéniens dont la loi avait voulu redresser les abus ; mais ces tems-là ne se comparent à rien, puisque c'était la léthargie.

Le fermier n'y faisait alors que des profits légitimes, attendu que les bêtes de race valaient à peine les bêtes communes, et ne les valaient même pas aux yeux de beaucoup de Cultivateurs.

Le propriétaire bien servi y trouvait encore et à peu près l'intérêt de ses capitaux, qu'il puisait dans la vente de ses laines ou celle de ses bêtes de boucherie, mais c'était tout, tandis que son capital primitif avait décuplé ; ces tems étaient au naturel les fonds publics au plus bas.

Depuis que par la loi de 1814, le Législateur éclairé sur les causes évidentes de la ruine générale, a soustrait l'Agriculture à l'usure scandaleuse exercée contr'elle sous le manteau des lois ; depuis enfin que le Législateur a soufflé la vie, le fermier le plus honnête homme y trouve des profits trop gigantesques au détriment du propriétaire ; et si le fermier ou son berger sont de malhonnêtes gens (ce qui à toute rigueur peut arriver), le maître est ruiné en fort peu d'années, tandis que le fermier acquiert insensiblement un troupeau magnifique qui ne lui a rien coûté ; et en voici les raisons comme les preuves :

D'abord, telles positives que soient les lois de rigueur, il y a toujours mille moyens de chicane qui en font éluder la sévérité ; et pourvu que le fripon soit assez adroit pour ne pas dépasser certaines limites, attendu qu'en général , personne n'est mieux instruit qu'un fripon sur tous les replis de la chicane, il s'en tire toujours avec profit ; mais ce n'est pas tout :

De quoi s'agissait-il quand fut rendue la loi de l'ancien cheptel ? Il s'agissait de bêtes indigènes et non de bêtes de race qui alors n'existaient point en France ; ainsi , le Législateur calcula uniquement ce qu'il en coûtait pour nourrir un troupeau de bêtes communes , et ce que ce troupeau rapportait en laines , fumiers et viande de boucherie.

Le Législateur voulut accorder au fermier une pension en nature qui fut pour lui encourageante ; garantir au propriétaire son capital et l'intérêt de ses fonds dans une proportion avantageuse , parce que cette nature de placement tournait au profit de tous , par l'engrais des terres , l'augmentation des matières premières ou celle des denrées de consommation ; ainsi , le Législateur prononça sagement dans l'espèce alors donnée.

Mais quelle comparaison , Monseigneur , peut-il exister entre la moitié du produit numéraire que rend aujourd'hui , par exemple , une souche de cent Brebis portières de race bien entretenues , et la moitié du même produit d'un troupeau de cent Brebis communes , entretenues avec tous les soins que leur accordent les bons Cultivateurs.

Le fermier dira-t-il que les troupeaux de race exigent plus de dépense ? Assurément j'en conviendrai sans difficulté , puisque je les ordonne et paie en conséquence , et j'ajouterai même que bien qu'un troupeau de pure race pût à toute rigueur ne pas péricliter , étant soigné et entretenu comme le sont certains troupeaux indigènes chez des fermiers jaloux de leur profession , j'estime que ces animaux d'une nature plus délicate sous certains rapports, ont surtout un plus grand besoin d'un entretien non interrompu, sans quoi on compromettrait particulièrement la force de la branche ; mais tout se mesure ; je connais l'entière étendue de ces objections, et maintiens seulement en principe général, que tout fermier qui, pour un troupeau de cent Brebis portières et en proportion, ajoutera *quatre cents francs* de dépenses réelles, soit en provandes, supplémens de fourrages ou pâtures d'été ménagées avec intelligence, en sus de ce que coûterait au même fermier un troupeau de cent Brebis communes, bien passées d'hiver et d'été, je maintiens, dis-je, que ce fermier réussira merveilleusement dans son élève, et j'en ferai la preuve quand on voudra, d'après les fermiers même qui tiennent les miens.

Ainsi, pour s'assurer si, mis en présence de la loi et de l'esprit qui l'a dictée, comme du point de fait, il n'y a pas prétention abusive de la part des fermiers, et perte notoire pour les propriétaires, par conséquent obstacle au bien des choses à suivre les règles ordinaires du cheptel légal dans le placement des troupeaux de pure race, il suffit d'une simple appréciation.

Que coûtaient et que produisaient, quand la loi fut faite ; que coûtent et que produisent cent Brebis de bêtes communes bien soignées, tant en laines que par l'effet du croît ?

Que coûtent et que produisent cent Brebis de pure

race , tant en laines qu'en valeur intrinsèque du même croît ?

Ajoutez aux droits légitimes du fermier les quatre cents francs de dépense supplémentaire que j'en exige dans ce calcul , bien qu'elle n'ait pas toujours lieu ; accolez les deux produits et les deux dépenses , comparez les deux résultats , vous aurez la preuve de l'abus.

Que nonobstant cette démonstration , le propriétaire en cheptel ajoute un petit sacrifice de plus en faveur du fermier , je serai loin de m'en scandaliser, je le trouverai même juste , parce qu'il est bon d'encourager, et que le meilleur des encouragemens est de faire que tout le monde gagne ; mais que le fermier applique sur des bêtes de race les mêmes prétentions , exerce les mêmes droits que sur un troupeau de Brebis indigènes , qu'il attire tout à lui quand il n'a rien mis au jeu , cela n'est pas juste, cela ne peut donc pas durer ; la loi ou l'usage y pourvoiront avec le tems , parce que tout ce qui est vicieux ne règne que des tems déterminés , qui cessent quand les lumières succèdent.

Ainsi le faisant-valoir considérable est d'une exécution impraticable , non compris qu'il serait encore trop borné.

Et le cheptel légal appliqué aux Mérinos ne vaut absolument rien dans l'utilité générale , puisque son moindre effet est de détourner le capitaliste de placer ainsi des fonds importans. J'observe que j'ai

fait l'expérience de l'une comme de l'autre méthode ;
que je m'y suis soustrait le plus vîte possible, et
que de longues épreuves peuvent peut-être donner
quelque poids à ma décision.

Bien que je n'aie aucun intérêt personnel à cet
égard, j'ai cru devoir consigner ces observations
dans ceux de la justice ; et j'ajouterai simplement
qu'après avoir éprouvé des malheurs trop étendus
et trop publics pour qu'il ne soit pas au moins
superflu de les retracer, je me trouvai placé entre
ces deux écueils :

Le cheptel légal, qui ne m'offrait qu'une maladie
plus lente et un remède insuffisant pour me racheter
la vie ;

Ou la continuation du faisant-valoir en grand,
qui ne me présentait qu'un vaste incendie impossible
à nourrir ; le désespoir devint mon partage. Ma
condition eut encore cela de terrible, que j'osais à
peine communiquer le plan nouveau que je réflé-
chissais cependant depuis long-tems ; car les grands
malheurs ont cela d'affreux qu'ils rendent tout
suspect, énervent les meilleures pensées, que le
public n'aperçoit souvent dans les calculs les mieux
médités que la témérité de Phaéton, et que leurs
succès toujours trop éloignés pour la conviction,
sont une religion qui gagne fort peu d'adeptes.

Cependant, n'ayant plus d'autre ressource, n'a-
percevant autour de moi que décombres, devant au
moins penser que ce qui me paraissait devoir bien

tourner, vaudrait toujours mieux que ce qui m'était justifié essentiellement mauvais, je fis mon sacrifice entier, me dévouai à la Providence, je m'embarquai dans le système nouveau que je m'étais créé, après en avoir bien réfléchi toutes les chances, et je mis à la voile.

Nouveau système d'exploitation des Troupeaux de pure race.

Les seuls moyens, Monseigneur, de bien juger un système inconnu, sont d'abord d'en asseoir les bases, d'en vérifier les succès, d'en méditer ensuite toutes les vues comme les conséquences.

Pour y conduire sûrement, il faut marcher avec méthode, car les conséquences arriveront tout naturellement à leur place. Il ne s'agit donc, quant à présent, que de savoir si le contrat que je me suis créé, dont j'ai corrigé les clauses d'après mon expérience, et qui est maintenant uniforme pour tous les fermiers qui traitent avec moi, les a d'abord suffisamment intéressés; s'il a constitué mon indépense, et bien prévu toutes les réserves nécessaires au bon entretien des races comme à la liberté des ventes, et de toutes les mutations accidentelles.

N'avançant jamais que les choses que j'admets pour certaines, je n'en juge pas moins indispensable de commencer par les prouver, et c'est pour cette raison , qu'aux pièces justificatives imprimées à la suite de ce Rapport, Votre Excellence trouvera, sous le n.º 3 , le contrat que je passe avec tous les fermiers qui tiennent de moi des troupeaux.

Je suppose qu'un Lecteur intéressé (et il ne saurait y en avoir d'autres qui me liront) voudra bien commencer par se pénétrer de ses combinaisons, puisqu'il est la pierre angulaire de mon édifice , et s'il m'a accordé cette faveur , je peux maintenant lui développer les principaux motifs qui me l'ont dicté.

Sous le rapport des avantages que les fermiers trouvent à traiter avec moi , il n'est besoin que d'un mot qui dispense des autres démonstrations.

Mes conditions sont publiques, il n'est pas un seul fermier qui m'ait rendu un troupeau ; vingt se présentent quand il circule que j'en aurai un seul à donner, on s'enregistre des années d'avance, et on fait agir auprès de moi pour en obtenir : donc , mes conditions sont justes et avantageuses au fermier.

Quant à celles qui touchent à ma garantie ou qui constituent ma prévoyance , je me suis dit :

Tout homme est mortel ; il ne faut jamais dépendre des successions d'autrui, ni entraver la sienne.

Que le fermier le plus rangé, le plus honnête homme vienne à mourir ; que les enfans , divisés entr'eux , soient négligens , dérangés , dissipateurs , systématiques ; qu'ils soient franchement de mauvais sujets, qu'ils s'entichent d'un berger fripon, ou que ses séductions intéressées puissent elles-mêmes les atteindre ; que la pâture que je croyais saine se trouve seulement équivoque ; enfin tant d'autres circonstances qui se multiplient à l'infini sous le rapport des affaires personnelles ou de successions : irais-je sans nécessité engager ma propriété pour le tems ordinaire d'un bail, quand, au bout de trois ans seulement, mon troupeau serait entièrement détruit ?

Je n'ai donc dû faire que des placemens annuels qui tinssent en garde les titulaires et jusques aux familles.

Je tiens tellement à ce principe, que tout fermier qui exigerait davantage, ne traitera jamais avec moi ; car dès le moment même il me deviendrait suspect : je lui supposerais les intentions douteuses dont j'ai voulu parer les coups, tandis que s'il est animé de la loyale intention d'une bonne conduite, il trouve dans mon intérêt personnel la garantie surabondante que je ne quitterai jamais ; car que puis-je désirer, chercher et espérer de mieux que lui ? Notre premier contrat devient donc un bail héréditaire, s'il remplit les devoirs ; il est déchiré du jour où il y manque.

J'ai pensé que je devais de mon côté garantir les fermiers de tout ce qui était indépendant de la bonté de leurs soins, ainsi que de ma partialité ou de celle de mes ayans-cause ; sous ce point de vue, j'ai voulu leur donner tous les titres nécessaires pour échapper à des exigences trop rigides ; c'est pour cela que j'ai d'avance désigné leurs pairs pour nous juger ; et quand j'en appèle à tous les troupeaux du même arrondissement , c'est la nature que j'asseois sur son tribunal pour peser la sentence ; ainsi , j'ai prévu en faveur des fermiers, l'influence des maladies , celle des saisons et jusqu'à mes défauts.

Mais si ce fermier se rend sérieusement coupable, c'est alors que mes conditions deviennent également précises ; ma garantie est entière , il tombe à ma discrétion , sa seule ressource est dans ma miséricorde ; car son contrat en main , je peux le forcer de me tenir compte de tout ce qu'il m'a fait perdre ; il y a engagé sa fortune , il a signé qu'il me paiera mon troupeau au plus haut cours qu'auront eu les animaux à ma vente de l'année précédente , ce qui fixe pour ainsi dire son amende sans intervention d'experts ; et la pension que je lui dois pour son année courante , est spécifiée ma première garantie. Ainsi , ce serait un jeu fort sérieux pour lui , que de négliger les soins qu'il doit à mon troupeau , et d'autant plus grave, que je l'ai même privé de ses prétextes , en l'obligeant à m'informer immédiatement du moindre événement un peu marquant, des conséquences duquel je le décharge , s'il n'a point attendu ; et cette seule condition qui entretient ma surveillance perpétuelle , le prive de tous les moyens de chicane comme des détours de la mauvaise foi.

J'ai considéré comme également nécessaire de me garantir des conséquences d'un sordide intérêt ou des effets de l'imprévoyance.

Contre le sordide intérêt, j'ai spécialement interdit le parc ; ce n'est pas que je le craigne quand il est administré avec attention et sagesse ; je crois même qu'ainsi employé, il serait avantageux à la santé des animaux, mais il ne faut jamais placer les hommes entre leurs gains positifs et les devoirs de leur conscience, la position devient trop délicate ; le fermier trouve trop d'avantages à beaucoup parquer ; ce qui n'aurait que des inconvéniens médiocres dans certains départemens, en aurait de très graves dans d'autres ; telle que fut la saison, il est au moins vraisemblable que le parc se trouverait toujours fait, si le pouvoir de parquer était seulement classé au nombre des droits conditionnels du fermier, ou ce serait au moins la matière de discussions perpétuelles : d'ailleurs, il ne faut jamais perdre de vue que l'origine de ces animaux sortant du midi, si le parc leur est salubre dans les nuits douces et les saisons sèches, ils ne le supportent pas sans de très graves inconvéniens, quand les nuits sont froides, la saison avancée, ou que le sol est humide ; et c'est déjà y sacrifier peut-être beaucoup trop que d'y exposer de simples Moutons porte-laine, qui, cependant, ne comptent déjà plus dans les générations.

Contre les prétextes de l'imprévoyance :

J'ai déterminé l'obligation de me préparer des

varets d'hiver , parce que sans cette prévoyance (surtout dans les pays riches et bien cultivés), il arrive presque toujours que , durant l'intervalle qui se trouve placé entre la S.t-Jean et la moisson , les malheureux troupeaux dépourvus de ces varets, n'auraient plus à dépouiller autre chose que le bord des chemins.

J'ai interdit les herbages, parce qu'ils sont pernicieux , fussent-ils les plus sains du monde , attendu que les troupeaux qui y ont été élevés deviennent grands et forts , mais n'ont aucun fond de vigueur et réussissent mal quand ils en sortent.

J'ai défendu jusqu'aux prairies naturelles ; parce que du plus au moins , toutes me sont suspectes. Qui dit prairies , dit un fonds plus ou moins aquatique ; le Mouton ne veut pas d'eau , elle est son plus grand ennemi ; le Mouton qui en sort est sujet à beaucoup de maladies , il faut beaucoup plus de dépense pour le bien entretenir ailleurs , tandis que quand il a été élevé dans des pays sains , il réussit partout.

En qualifiant *de faute sans rémission*, toute infraction à ces deux clauses de mon traité avec les fermiers, il fallait bien y suppléer ; et c'est à cet effet que j'ai déterminé les varets d'hiver , qui offrent le double avantage de fournir la nourriture la plus salubre , et de donner aux troupeaux la facilité de s'étendre comme de brouter tranquillement , au lieu de les voir s'entasser le long d'une route vicinale, s'y gorger la plupart du tems d'une poussière épaisse qui les fait tousser, et y vivre à la dérobée, toujours dans l'inquiétude que leur donne un chien surveillant, quand, pressés par la faim, ils succombent aux objets de leur tentation.

Il fallait encore prévoir, écrire et tenir la main à ces conditions, parce que tout cultivateur sait à merveille que c'est un dommage quelconque porté à la récolte suivante, que de donner une airure de moins ou de la donner deux mois plus tard. Mais attendu que c'est aussi la ruine d'un troupeau, et notamment la perte des élèves, que de ne pas s'assurer de pâtures non interrompues et suffisantes, il fallait payer pour avoir le droit d'exiger : et telle est la justification que j'offrirai toujours aux Sociétés d'Agriculture qui trouvent le prix de mes pensions trop élevé. Mon principe est que tout le monde doit gagner, et qu'on ne fait bien ses affaires qu'en offrant à gagner aux autres.

Les espèces ne grandissent, les Agneaux ne jettent leur croissance, ils n'acquièrent cette vigueur intrinsèque qui les dispose à bien passer l'hiver suivant, beaucoup ne se sauvent de la maladie connue sous le nom de *tournis*, qu'autant qu'ils ont acquis de la vigueur dans leur enfance ; les troupeaux chétifs y sont ordinairement plus sujets, et c'est encore une de mes observations que je crois très-fondée ; de même que si des Agneaux souffrent seulement une disette réelle de quinze jours, leur jet est arrêté, et il ne faudra pas s'étonner que grand nombre d'entre eux n'en rappèlent jamais que très-imparfaitement quelques soins, quelques dépenses même exagérées, que vous leur sacrifiiez ensuite.

Je pense, Monseigneur, qu'il serait superflu de pousser plus loin l'examen des intentions de mon bail : l'Agriculteur éclairé les aura toutes saisies en le lisant ; et pour justifier leur justice comme la sagesse de ses clauses, je me bornerai simplement à dire que mis à exécution, il réussit à merveille, qu'il n'a jamais fait naître une seule difficulté, et qu'il réserve bien tous les droits du propriétaire, puisque d'une part j'exécute sans entraves tous les mouvemens organiques qui importent à mes ventes ou aux divers emménagemens de l'année, et que de l'autre, s'il s'est rencontré des fermiers qui aient commis faute, il n'en est pas un seul qui ne se soit soumis à mon jugement sans la moindre réclamation, ainsi qu'à la retenue que j'ai décidée contre lui à titre de punition ; c'est pourquoi j'estime pouvoir passer maintenant à ma conduite personnelle, touchant l'organisation intérieure.

Organisation intérieure.

Il est constant en Agriculture, que le maintien e surtout l'amélioration des espèces dépendent entièrement d'une bonne organisation, comme des soins les plus assidus ; et voici littéralement quelle est à cet égard la conduite qui s'observe dans mes établissemens.

Le jour S.t-Michel (29 Septembre) est celui où je constitue définitivement mes troupeaux d'hiver ; rien ne peut plus alors en être vendu ni retranché jusqu'à l'année suivante : les raisons en sont aussi justes que simples.

Les fermiers doivent être aussi sûrs de moi que je veux l'être d'eux ; or, si j'avais promis cent vingt Brebis à un fermier, et que pour faire plus d'argent, je vinsse à en vendre vingt, tandis que cet homme, comptant sur ma promesse, aurait préparé ses subsistances, semé des sainfoins, réservé des pâtures, qu'il se serait en un mot emménagé pour cent vingt, ne lui en donnant que cent, il est constant que je lui porterais préjudice ; ainsi ma promesse est son titre : elle doit être sacrée ; aussi quoiqu'il arrive, le 29 Septembre toutes mes ventes sont closes.

Je compose mes troupeaux de Brebis depuis quatre-vingts jusqu'à cent trente, jamais au-delà ; le berger qui en aurait davantage ne pourrait pas suffire aux soins qu'elles exigent au tems de l'agnelage ; celui même qui en a ce nombre, a déjà besoin d'assistance au fort de cette saison.

Je mesure la force des troupeaux que je place d'après celle de la ferme et l'étendue de son parcours, dont j'ai préalablement le soin d'être bien informé.

Je choisis les places , et j'affecte en général aux Brebis celles où je sais que l'herbe pousse mieux , parce qu'il faut penser à l'arrivée des Agneaux : si par hasard j'admets quelques exceptions , alors je pourvois à l'aridité du sol par l'exigence d'une plus grande quantité de varets d'hiver ou de jeunes sain-foins , parce qu'il n'y a pas d'espèces de pâtures qui décident mieux la solide venue des élèves.

Avant que de placer un troupeau , j'ai encore l'attention préalable d'être parfaitement instruit du nombre de bêtes à laine que cette ferme portait avant moi , ainsi que de leur nature ; je ne m'en repose en aucune façon sur les promesses qu'on mettrait en avant de me faire des sacrifices de plus , si je consentais à en augmenter les nombres ; ces adhésions sont toujours nuisibles au propriétaire , il ne faut jamais tenter l'intérêt particulier , et se bien pénétrer du point de fait , que l'étendue comme la nature d'un parcours, entraînent des conséquences infinies.

Si avant moi une ferme avait l'habitude de stabuler cent Brebis portières , j'en donne quatre-vingts ; j'attache aux bons résultats la récompense d'y en ajouter l'année suivante quelques unes de plus ; alors je m'en fais un plaisir, je vais même au-devant des vœux du fermier , car je place mon étude à ce qu'il jouisse pleinement de tous les avantages que sa place peut lui procurer, et (dans mes propres intérêts) je n'y attache pas moins d'importance que lui.

Ce principe sur les nombres est uniforme pour toutes les natures d'animaux, mais plus particulièrement encore pour les Brebis portières, en raison des Agneaux auxquels il faut penser ; il est de la plus grande importance en pratique, et tout propriétaire qui aurait à cet égard la moindre faiblesse, en serait incontestablement victime ; car de conséquences en conséquences, d'exemples en exemples, de fermiers en fermiers, bientôt toutes les fermes seraient surchargées, et les bergeries comme les espèces en souffriraient considérablement.

S'il est quelques fermiers entièrement délicats et franchement jaloux de leurs succès, ainsi que j'en citerais plusieurs, qui, dans la crainte de mal réussir, m'en demandent moins qu'ils ne pourraient peut-être en bien nourrir, il pourrait s'en trouver d'autres qui n'y apporteraient pas les mêmes scrupules, qui, entraînés par l'appât du gain, pourraient donner au hasard, et cependant le succès de la récolte y est entièrement attaché ; c'est pourquoi j'invite tous mes imitateurs, s'il s'en rencontre, à ne jamais augmenter que progressivement aux succès, comme aussi à ne pas se refuser à une récompense aussi juste.

J'organise tous mes troupeaux d'hiver par espèces uniformes, et même, à moins d'impossibilité, par force des animaux de même espèce.

Ainsi, les Brebis portières, les Béliers d'âge, les Béliers anthenois ou d'élève, les Moutons d'âge, les Moutons anthenois, les Bécardes sans nourrir, qui sont les brebis de dix-huit mois, qu'on ne fait pas rapporter afin de fortifier la branche, les Agneaux femelles de l'année, qui, à dater de la S.t-Michel, prennent la dénomination d'Anthenoises, et même ces Anthenoises de différente force, sont autant que possible emménagés ensemble et tous séparément.

Ces petites attentions sont influentes quand arrive la saison de vivre au ratelier, car il est bien constant qu'un Agneau tardif ou né faible, n'y pourra pas défendre sa place contre un autre animal très-fort qui vient à la lui disputer.

❧◆❧

Surveillance et Administration.

Je l'ai réduite aux moyens les plus simples et les plus économiques, tout en lui réservant la plus grande étendue.

J'ai d'abord presque tous très-anciens bergers, qui forment les plus novices, dont j'encourage l'émulation par des récompenses. Ces anciens bergers se trouvent bien de mon service, je suis fort content des leurs ; plusieurs d'entr'eux sont habiles, savent à fond leur métier, connaissent notamment les Mérinos qu'ils exploitent depuis quinze ou vingt ans ; ceux-là sont en quelque sorte mes Ministres. Je les attache au succès par la considération que j'accorde à leurs avis réunis ; je les rassemble dans les grandes occasions : ils composent le conseil de mes bergeries ; la déférence que je leur témoigne aggrandit leur sphère. Tous les hommes sont plus ou moins sensibles à ces petites attentions , qui sauvent bien des bévues ; car il est bien constant qu'un bon berger connaît beaucoup mieux son troupeau que le plus habile propriétaire , qui doit particulièrement réserver ses lumières pour l'administration en grand , qui sort entièrement de la sphère des bergers.

Mes troupeaux se trouvant établis dans deux arrondissemens différens , ceux de Caen et de Falaise , j'ai désigné un berger inspecteur par chaque arrondissement ; il est porteur du titre qui lui en attribue tous les droits : il n'en est pas moins berger , n'en conduit pas moins son troupeau personnel ; c'est le *primus inter pares.*

J'ai simplement le soin de confier à ces bergers-là des troupeaux de Béliers , pour qu'ils puissent au besoin et sans inconvénient s'absenter un jour ou deux ; dans ces occasions-là , ils ont des hommes à eux , dont ils sont sûrs , et qu'ils mettent momentanément à leur place. Ils ont , à dire vrai , fort peu de choses à rectifier maintenant , parce qu'en général il existe beaucoup d'émulation , chacun fait de son mieux ; mais cependant il est toujours prudent de marquer sa surveillance , de ne point interrompre ses observations , de s'assurer de la santé , de signaler les animaux qui venant à mal tourner ou à être atteints de maladies incurables, doivent être écartés des troupeaux.

Ces inspections locales n'atteignent point les bergeries fondamentales qui se sont placées au-dessus du soupçon, et qui continuent de servir de modèles ; ces inspections ne se font jamais à jour fixe : elles sont toujours imprévues, varient selon que les saisons en exigent de plus fréquentes, notamment touchant les Agneaux ; elles concourrent aussi à m'assurer que si pour jouir de pâtures plus étendues, j'ai autorisé dans mes troupeaux mâles l'adjonction de quelques bêtes indigènes (jamais autres que des Moutons), on exécute cependant ma condition expresse, celle de les faire stabuler à part durant la nuit ; condition sans laquelle le Mouton du berger ne serait jamais le moins bien placé.

Les bergers à ce préposés, font donc leurs tournées d'observation ; si elles ne portent que sur de petites choses, ils les indiquent, en donnant simplement leurs avis ; jusque là il n'y a pas lieu à plainte.

Mais, s'il arrive que leurs représentations amicales soient demeurées sans effet, alors les instructions écrites dont ils sont porteurs, leur enjoignent, sous peine de leur responsabilité personnelle, de m'en informer : ce qui les met à couvert des petites inimitiés. Ils ont aussi l'ordre positif et écrit d'en rendre compte immédiat à mon Agent d'affaires, homme de loi, qui, placé à Caen, point central, se met de suite en campagne : celui - ci est la grosse cloche, c'est mon grand Prevôt ; il reçoit les dépositions, monte à cheval, constate l'authenticité de la plainte, dresse procès-verbal et nomme des experts ; il fait fournir enconséquence les fourrages nécessaires, aux frais du Cultivateur, parce que je les retiens plus tard sur le prix de la pension; et l'affaire ainsi régulièrement instruite passe à mon jugement définitif.

Je le suspends toujours, parce que si le fermier vient par suite à bien réparer, je le mitige, mais toujours s'ensuit-il contre lui une amende pécuniaire plus ou moins forte, ainsi que tous les frais à sa charge. Le coupable n'est jugé que d'après la comparaison des choses semblables qui existent autour de lui, ce qui n'admet aucune partialité : la voix publique l'a toujours condamné avant moi ; et je prie Votre Excellence de vouloir bien penser que je ne serais point assez inconsidéré pour lui présenter sous les couleurs d'un point de fait, ce qui ne serait encore qu'en projet ; je ne raconte jamais que pièces en main ; c'est ainsi qu'il s'est pratiqué dans l'occasion, c'est ainsi qu'il se pratiquera éternellement sous mon administration : je la veux paternelle, mais stricte ; je commence toujours par mettre à couvert la plénitude de mes droits, les amendemens viennent ensuite, s'ils sont loyalement mérités.

Quand, vers la fin de Mai, s'approche la saison

des ventes de Béliers, alors commencent les mouvemens dans mes troupeaux :

J'ordonne d'abord une revue générale de l'état
des Béliers ; mes principaux bergers se réunissent à
cet effet ; ils tiennent le conseil de l'Etablissement,
où assistent aussi les Cultivateurs les plus instruits ;
chacun discute son coup-d'œil. On commence par faire
à l'unanimité le choix des Béliers de réserve pour la
lutte prochaine ; on en marque de cette classe un
nombre toujours plus considérable que celui don
on sait avoir besoin, parce qu'il faut toujours prévoir
les accidens, et que d'ailleurs, la vente de ceux-là
ne saurait jamais embarrasser.

Cette première opération terminée, on passe aux
Béliers de vente ; on commence par la tête, exa-
minant séparément chaque animal avec beaucoup
d'attention, et les bergers continuent de marquer
pour la vente aussi long-tems qu'en leur âme et
conscience, ils trouvent de bons Béliers qui leur
permettent de continuer.

Aussitôt qu'ils doutent ou qu'ils jugent trop faible,
ils ont l'ordre de s'arrêter ; on renvoie à un second
examen qui a lieu plus tard, ou à l'année suivante pour les Anthenois.

Par ce moyen, je sais ce que j'ai de Béliers
propres à la vente de l'année, et, d'après le rapport,
j'affiche en conséquence.

Quelques jours avant la S.t-Jean, j'arrive en

personne, et pour la première fois de l'année, ce qui démontre mathématiquement que pour conduire les plus grands Etablissemens de cette espèce, il est complètement inutile de ne pas sortir de ses bergeries.

Je passe d'abord une inspection générale qui ne porte que sur l'ensemble, et j'en viens ensuite à l'inspection individuelle.

Avant que la tonte ne commence, il n'est pas un seul animal (surtout en fait d'Elèves) qui ne m'ait passé par les mains. C'est-là le seul moment où je peux solidement juger la qualité des laines et les résultats vrais de l'année qui a précédé. Je fais mes remarques particulières, je les désigne sur l'animal par des signes différens ; j'inscris ce travail journalier jusqu'à ce qu'il soit terminé ; il va très-vîte en raison de l'habitude, et aussi parce que le berger qui conduit le troupeau d'inspection, est toujours présent pour dire ce qu'il sait de chaque animal, et il est assisté de mes meilleurs bergers qui vérifient.

Pendant cette revue individuelle, on vérifie et inscrit les âges à mesure que les animaux passent, en sorte que par une simple récapitulation, je sais provisoirement combien j'ai de bêtes entièrement usées, combien de réserve positive, combien de première ou de seconde ventes, combien enfin pourraient, avec beaucoup de soins, donner encore un Agneau. Toutes ces classes ont un signe uniforme ; et afin d'accélérer le travail, chaque berger a reçu l'ordre de le préparer dans son troupeau.

Je passe ensuite aux troupeaux de Bécardes et à ceux d'Anthenoises ; le travail fait dans ceux de Brebis, me constate de combien de remplacemens j'aurai besoin.

Ma première inspection sur les Bécardes comme sur les Anthenoises , porte uniquement sur la branche et les formes ; je fais exécuter les séparations qui reçoivent leur signe particulier ; ensuite je passe à l'examen individuel , auquel on apporte la plus sévère attention, parce que c'est de cette opération que dérivent toutes les conséquences futures.

Si des raisons quelconqués exigent qu'un animal change de classe, soit pour grosseur de laine, extrême finesse ou autrement, une fois jugé, il reçoit sa contre-marque ; tout s'enregistre à mesure : et de cette façon , en réunissant les résumés du travail sur les troupeaux de Brebis, à ceux sur les troupeaux de Bécardes et d'Anthenoises , je sais à point nommé tout ce qui existe dans mes troupeaux.

Quant aux Moutons , je n'examine sérieusement ceux-ci que sous le rapport de leur force et de la santé , les bergers en décident ; je ne tiens qu'à une chose, c'est qu'on ne fasse jamais passer pour bon un animal qu'ils croient douteux ; je préfère cent fois le perdre ou l'attendre.

Toutes les Brebis de réserve, Bécardes ou Anthenoises de remplacement ainsi signalées, reçoivent
la couronne; celles - là deviennent sacrées pour
l'année, et il n'y en a jamais une seule de vendue,
à moins de circonstances bien rares et toujours infiniment circonscrites.

La tonte s'ouvre et alors on tond par lots; on ne
commence un lot que quand l'autre est entièrement
achevé; et le berger dont on tond le troupeau,
réapplique à l'animal le même signe enregistré qu'il
a reçu quand on l'a jugé.

Nonobstant ces signes différens, les troupeaux
restent ce qu'ils étaient jusqu'au 15 Septembre.

Seulement le 15 Août, jour où je fais donner les
Béliers, on répartit dans les troupeaux de Brebis
toutes les Bécardes et le petit nombre d'Anthenoises
désignées pour la lutte.

Tout le reste des Anthenoises continue de vivre
séparé, et est renvoyé sans exception à l'année
suivante.

Quant aux Agneaux mâles et femelles de l'année,
on retire les Agneaux mâles, on les sèvre vers
la S.t Jean; je les laisse téter jusqu'à cette époque:
les mères n'en sont point fatiguées, parce qu'elles
sont parfaitement nourries, et l'état dans lequel elles
sortent de dessous le ciseau en fait la complète
justification. Le peu de lait que les Agneaux prennent
encore leur donne une vigueur de santé qui se

4.

retrouve, et cette méthode que je suis maintenant, me paraît ajouter beaucoup à leur belle venue.

On moutonne les Agneaux mâles qui n'offrent décidément aucune espérance ; on réunit dans un seul et même troupeau tous les Elèves qui en offrent le plus ; on renvoie à l'époque de la S.t-Michel la décision sur tous ceux qui n'ont rien présenté d'assez déterminé ; et il arrive souvent que des Agneaux mâles dont, on n'espérait rien, deviennent magnifiques par l'effet de la glane, tandis que d'autres, qui promettaient tout, ne tiennent rien ; mais une fois le mois d'Octobre arrivé, on se détermine et l'on ne commet plus alors que bien peu d'erreurs.

Je dis donc que vers la S.t-Jean on sépare ainsi les Agneaux mâles, qui dès-lors ne seraient pas sans inconvéniens dans les troupeaux de Brebis.

Quant aux Agneaux femelles, je les laisse à peu près quinze jours de plus stabuler avec leurs mères, ils sont conduits aux champs séparément, mais le peu de lait qu'ils attrapent leur réussit merveilleusement.

Le 15 Juillet, tout est fini sous ce rapport, les Brebis se reposent définitivement, et attendent le 15 Août pour rentrer en ménage.

Toutes ces opérations de tonte, de marques, de classement, durent à peu-près quinze jours, parce que les tondeurs suivent à mesure, et il en résulte

Que j'ai sur mon *agenda* toute l'existence actuelle et bien positive de tous mes troupeaux, en sorte qu'il me suffit, pour décider plus tard tout ce que je veux conserver, tout ce que je peux vendre, tout ce que je peux promettre, et j'ai bien le droit de garantir que les Brebis que je vendrai seront pleines de mes plus beaux Béliers, puisque je n'en donne pas d'autres, et qu'elles font, jusqu'à la S.t-Michel, constamment partie de mes troupeaux de réserve.

Pour qu'il n'advienne pas de mécompte ni de confusions, comme il en sortirait infailliblement de toutes ces mutations instantanées, qui ont lieu entre la S.t-Jean et la S.t-Michel, et pour pouvoir aussi me rendre à moi-même un compte bien certain de ce qui s'est passé durant l'année dans chaque troupeau, je me suis construit un registre de ferme uniforme que j'ai fait imprimer.

Ce registre porte en tête les espèces comme les quantités placées chez chaque fermier; puis, par mois et dates, la naissance des Agneaux mâles et femelles, la mort des mêmes Agneaux, et à la colonne d'observations, la cause de la mort.

Plus loin, et toujours par mois et dates, la marque de l'animal, les mortalités survenues dans le cours de l'année parmi les grandes bêtes composant la souche du troupeau, et à la colonne d'observations, la cause de la mortalité.

Ensuite, par mois et dates, toutes les mutations qui ont eu lieu dans le troupeau d'une S.t-Michel à l'autre, avec l'obligation pour le berger qui les opère, de les signer comme sûreté du fermier.

Enfin, par mois, dates, lettre que portait l'animal, ceux vendus à la boucherie dans le cours de l'année, ainsi que le prix.

Je n'emploie à ces mutations qu'un seul berger, attendu que sans cette attention il existerait de fréquentes confusions ; c'est lui qui, d'après mes ordres, exécute ce que j'ai prescrit, et j'enregistre moi-même tout ce que j'ordonne. De telle sorte, qu'en enregistrant aussi les rapports successifs qui m'arrivent dans le cours de l'année, l'état vrai de mes troupeaux est constamment placé sous mes yeux, nonobstant les distances et les tems qui m'en séparent.

Subsistances.

Celles-ci varient tellement en raison des productions locales, de la nature du sol, de l'espèce du climat, qu'à moins de se jetter dans des digressions aussi étendues que complétement étrangères au but essentiel de ce rapport, il me serait également impossible de ne pas m'égarer de mon sujet, ou de satisfaire l'Agriculture, qui exige des détails certains et des faits comparés jusque dans les moindres choses.

Ces variations sont telles, que mes troupeaux de l'arrondissement de Caen ne sont pas nourris de la même manière que ceux du canton de Falaise, ni dans chaque canton de la même manière entr'eux; cependant, tous réussissent à merveille; ainsi tous peuvent conclure que leur méthode est bonne. Je pourrai par la suite me livrer à quelques observations comparatives plus approfondies, mais celles-ci seraient encore trop prématurées; et je crois seulement pouvoir avancer que des expériences récentes me porteraient à penser qu'il n'est point à beaucoup près de principe certain, que les Moutons ne puissent atteindre la plus belle branche dans les petites terres; que cette branche dépend beaucoup plus de la prévoyance des fermiers pour les subsistances d'hiver ou les pâtures d'été, que de la nature d'un sol plus ou moins fertile. Je n'avance point ce fait, je commence seulement à douter, et par la suite j'aurai l'honneur d'informer plus particulièrement les Sociétés d'Agriculture de mes expériences certaines.

Comme principes généraux, je n'en connais pas d'autres que ceux qui s'adaptent à tous les climats; ces principes sont:

Ne pas laisser manquer les troupeaux, même instantanément, car si les bêtes faites peuvent s'en remettre à force de soins, jamais les Agneaux n'en rappèleront complètement; des Agneaux arrêtés seront toujours inférieurs à ce qu'ils seraient devenus; ni les soins les plus assidus, ni les dépenses successives ne parviendront jamais à réparer entièrement.

Ils perdent jusqu'à leurs formes, sans parler de leur branche : un grand nombre d'entr'eux demeurent de mauvais avortons qui terminent leur carrière chez le boucher, et il y en a aussi beaucoup qui, après avoir considérablement entraîné de dépense, succombent sous les effets naturels de cette transition du mal au bien.

En thèse générale, on sait encore que quinze jours avant l'Agnelage, il faut fortifier les Brebis par des subsistances plus nutritives, qui font arriver le lait et préparent leurs mamelles.

Qu'après l'Agnelage elles exigent les mêmes soins, et notamment jusqu'à l'époque où les Agneaux reçoivent la provande, qui n'est autre chose que du son très-légèrement humecté, mélangé d'un peu d'avoine.

Qu'ensuite, si l'on veut bien réussir, il faut accorder aux Agneaux la pâture de jeunes sainfoins, et que pour les Agneaux comme pour les Brebis, on ne réussira jamais s'il y a interruption de nourriture.

Ventes.

Je dirai des ventes qu'il en est comme des subsistances, qu'elles n'ont point de méthode fixe, puisqu'on peut également adopter celle aux enchères, de gré à gré, à prix fixe, ou de confiance

Cette année-ci, par exemple, j'ai vendu mes Béliers à prix fixe, tandis que mes Moutons et Brebis ont sans exception été vendus de confiance, et à vingt particuliers différens, qui même n'avaient jamais aperçu un seul de mes troupeaux : une autre année je vendrai peut-être aux enchères. Ainsi il n'existe aucune méthode positive, ni qui puisse s'indiquer comme la meilleure, puisqu'elles dépendent toutes des tems, des positions différentes, de l'importance des établissemens, comme des circonstances particulières et accidentelles où l'on se trouve.

A cet égard, je ne connais qu'un principe certain, qui s'adapte à tous les tems comme à tous les pays ; c'est celui que la confiance s'acquiert et ne se donne pas, qu'on ne vend bien et beaucoup que quand on la mérite.

L'honnête homme qui vend, doit savoir pour ceux qui ignorent, sa conscience doit veiller pour ceux qui sont endormis.

Tout Etablissement qui ne s'assurera et ne conservera pas cette réputation intacte, tombera insensiblement en décadence. Celui qui pourrait se permettre de tromper une seule fois, trompera mille, s'il en trouve l'occasion ; c'est le premier pas qui décide, et mettant, s'il était possible, toute morale de côté, je dirais encore qu'il ne faut jamais vendre les choses que pour ce qu'elles sont réellement, et tenir toujours plus qu'on ne promet,

parce que l'expérience est là qui vous attend et
qui vous juge.

——◆◆◆◆◆——

*Résumé des parties historiques et administratives de
ce Rapport.*

Je crois, Monseigneur, avoir fourni à Votre
Excellence, de la manière la plus exacte, et aussi
rapidement qu'il a été en moi, tout ce qui a trait à
la partie historique, depuis l'introduction des Mérinos en France, jusqu'à l'époque où nous en
sommes aujourd'hui : je n'ai pas dû taire les fautes
capitales commises par un Gouvernement despo-
tique, qui ne connaissait que sa volonté, le fer et
ses soldats. J'ai cru devoir faire ressortir le vice des
lois qui pesaient sur l'Agriculture dans ces jours de
tourmente ; et il n'était pas moins important de
toucher la corde des intérêts purement personnels,
toujours si actifs, toujours si persévérans, et les
seuls qui pourraient encore compromettre la chose
publique, si l'évidence palpable du mal qu'ils ont
produit, n'était la plus sûre garantie contre la vanité
de leurs efforts, auprès d'un Gouvernement qui a
déjà régénéré l'Agriculture, et qui est aussi bien
averti.

Touchant la partie purement administrative du
mode d'exploitation, que l'expérience m'a fait
adopter, sa simplicité est si grande, ses calculs si

positifs , ses rouages si peu compliqués , et son succès si éclatant , que j'ai considéré comme un devoir envers le public , d'en placer le mécanisme entier sous les yeux.

Il arrive bien souvent que les choses les plus simples sont précisément celles qui échappent à nos regards , surtout , quand les préjugés les éloignent ; et cependant (en fait d'Agriculture surtout), il n'y a que les découvertes simples qui prospèrent , parce qu'il n'y a que celles-ci qui puissent trouver de nombreux imitateurs.

J'ai complétement senti le très-mince intérêt que devaient offrir au monde des détails de bergeries ; malheureusement ils étaient inséparables de l'établissement d'un système qui peut devenir utile à la France : et comme la possibilité de l'exécution , n'est que trop souvent aussi ce qui leur manque , il devenait indispensable de débuter par en justifier le mien.

Je sais qu'un Rapport de cette nature ne saurait intéresser que des Agriculteurs ou le Gouvernement , qu'il ne sera jamais assez heureux pour obtenir les faveurs du boudoir ; mais , s'il venait par hasard à s'y égarer , ou que dans des jours de fortune , quelque nouvelle Estelle nourrie sur les bords du Gardon , vint à traverser mes bergeries , comme Française , elle daignera sans doute en excuser le langage , et accorder son indulgence au droit qu'il peut m'avoir donné , de soumettre enfin à Votre

Excellence les conséquences que j'en tire, sous le point de vue définitif des avantages de l'Etat.

Bases acquises en faveur de l'Etablissement des Mérinos en France.

Moyens de les y naturaliser définitivement, et conséquences vues en grand dans les intérêts réels de l'Etat.

Il ne saurait être mis en question, s'il est ou non avantageux pour lui de diminuer ses dépenses, en même-tems qu'il ajoute à ses revenus.

Il n'est pas moins constant qu'antérieurement à l'introduction des Mérinos en France, il fallait extraire toutes les laines fines de chez l'étranger, et qu'il en coûtait à la France de nombreux millions pour se les procurer.

Il est également reconnu que les Mérinos ne dégénèrent point en France; et il n'est plus question de discuter si leur dépouille équivaut ou non à celle des troupeaux d'Espagne, puisque la question vient d'être jugée comparativement.

« Les plus belles laines d'Espagne ne peuvent
» faire d'aussi beaux draps que les plus belles
» laines de France ; et celles-ci ne peuvent le
» céder en finesse et en moelleux qu'aux plus belles
» laines de Saxe ».

Telle est la décision officielle devenue un principe.

J'ignore, Monseigneur, si je vais m'égarer ; mais je ne serais point entièrement d'accord sur la seconde partie de la décision, si elle a voulu s'étendre jusqu'à accorder aux laines de Saxe, une supériorité *générale* et *absolue*.

Comme la Commission, j'accorderai volontiers aux laines de Saxe la supériorité en moelleux et finesse, mais les laines françaises me paraissent avoir sur elles d'autres points de supériorité incontestable, et je les crois sincèrement les meilleures laines de l'Europe, pour la confection du drap proprement dit.

Un jour viendra, selon moi, où les laines de Saxe le céderont elles-mêmes en moelleux et en finesse, à celles qu'obtiendront, des mêmes animaux, les peuples encore plus rapprochés du nord ; cédant aux lois du climat contre lesquelles l'industrie humaine ne saurait s'élever ; car le nord conservera éternellement la supériorité des pelleteries dont les toisons font aussi partie ; et si les Mérinos d'Espagne retournaient sur les côtes d'Afrique, dont ils pourraient bien tirer leur origine, j'estime que leurs dépouilles seraient à celles d'Espagne, ce que les Mérinos d'Espagne sont devenus à ceux de Saxe.

Je ne doute pas que l'expérience des âges ne justifie ces opinions : je peux même avancer qu'elles sont déjà en partie basées sur des épreuves comparatives, qui ont prouvé que la laine électorale de

Saxe , étant employée seule , produit du drap magnifique , mais *sans la force* suffisante à ce genre
d'étoffe.

Au surplus , ne jalousons personne , le partage de
la France est suffisamment riche , quand le beau
drap , proprement dit , est constamment l'étoffe la
meilleure , la plus commode , la plus durable , et
celle dont l'usage est le plus généralement établi.

Plus les laines se rafineront en s'enfonçant dans
le nord , moins pourra-t-il se passer de celles du
centre de l'Europe , pour la confection des draps
convenables à l'âpreté de son climat ; et nous y pui-
serons de notre côté , la matière première d'étoffes
plus souples et plus moelleuses , ainsi qu'il en est
déjà de ses autres pelleteries.

Cette loi de climat est tellement positive , que ,
si le Gouvernement multipliait ses expériences , je
ne mets point en question , qu'il ne fût à l'instant
prouvé , qu'origine et tous soins égaux d'ailleurs ,
les troupeaux du Roussillon comme ceux du Languedoc , ne fourniraient pas le même drap que ceux
de Flandres ou de Basse Normandie : Les productions du Languedoc auraient une grande analogie
avec celles d'Espagne ; et celles de Flandres se
rapprocheraient infiniment de celles de Saxe.

Au surplus , et quelque soit le mérite de mes
opinions , poursuivant le développement de mon
système général , dans l'application des faits qui ne
sont plus douteux , nous savons donc que nous

pouvons en toute confiance, continuer de cultiver les Mérinos, qu'ils ne dégénèrent point en France, qu'ils produisent des draps magnifiques, que la filature de leur laine est incomparablement plus facile que la filature des laines d'Espagne, que l'on peut employer dans son intégrité la dépouille de nos troupeaux de race dans la confection du plus beau drap, parce que les mélanges d'agnelin en corrigent les parties les plus grossières, et que les draps qui en résultent ont tout à la fois le corps, la durée et le moelleux que l'on peut désirer.

Nous savons de même qu'il en coûtait annuellement de nombreux millions à la France pour se procurer les laines fines, et qu'il est plus que jamais nécessaire de les conserver.

Nous voyons aussi que depuis le rapport des lois, qui interdisaient l'exportation de nos laines, il s'élève de tous côtés des manufactures et des filatures nouvelles ; ainsi ces lois oppressives ne favorisaient pas même l'industrie générale, qui y trouve sans doute des avantages encore suffisans, puisqu'elle ne s'est jamais montrée aussi active.

De son côté, l'Agriculture a repris son essor, nos fabriques sont mieux alimentées par elles ; ces fabriques préfèrent nos laines, et n'emploient celles d'Espagne que quand les nôtres sont épuisées ; et si le Gouvernement croit devoir y ajouter son influence, il ne peut plus faire question, qu'en attendant mieux, la France sera, sous peu d'années,

entièrement libérée par l'Agriculture , du tribut
énorme , que, sans elle , il faudrait encore payer.

J'en conclus sans hésiter , qu'il n'y a ni prétextes
intéressés , ni principes politiques , qui, portés au
tribunal de la Patrie , pourraient justifier de nouveaux attentats aux droits sacrés de l'Agriculture,
dont toutes les prétentions se bornent à être traitée
en étrangère , comme à n'être plus opprimée par
quelques intérêts entièrement personnels.

Jamais l'éloquence la plus subjuguante ne persua-
dera à l'homme éclairé et de bonne foi , que les
prétentions, même les plus exagérées de quelques
Agriculteurs français , puissent avoir la moindre influence sur les comptoirs de l'Europe, attendu que
pour vivre , il faut que l'Agriculteur vende , et qu'aussitôt qu'il faut vendre, on subit nécessairement la loi
du commerce , qui n'est pas celle d'un pays, mais
bien la loi de l'univers ; ainsi tout fut intrigue et faus-
seté dans les moyens employés contr'elle , ou bien ce
fut ignorance , et dans ce cas , l'intérêt est devenu
trop général et trop grand , pour craindre la rechute.

Et , s'il est encore vrai de dire, comme j'en suis
convaincu , que l'influence du climat détermine
entièrement la qualité des laines de même origine,
quel intérêt peut trouver l'Etat à entraver l'Agriculture par la défense d'exporter les Brebis ? Quelques
centaines de Brebis exportées de France, interver-
tiraient-elles la marche des choses humaines ? La
propagation de ces animaux dans toute l'Europe,

peut-elle aujourd'hui dépendre d'une mesure aussi partielle ? Ces Brebis exportées et les générations qui s'ensuivront, ne subiront-elles pas infailliblement l'influence du climat ? En aurons-nous moins les meilleures laines du monde pour la confection du drap, si la nature le veut ainsi ? J'ai toujours trouvé ces idées trop mesquines et trop rétrécies pour le Législateur qui ne doit envisager qu'en grand, je n'y ai aperçu que l'agonie de l'intrigue. Je crois que ce léger encouragement enfanterait plus de troupeaux que la loi n'en économise, et l'Etat ne sera jamais appauvri par les sommes que l'Agriculture y fera rentrer.

Les vrais intérêts de l'Etat me semblent à cet égard reposer sur des bases bien différentes, je les aperçois uniquement dans ces vastes dépôts dont j'ai conçu l'idée, et qui ne peuvent se réaliser que par mon système d'exploitation : j'estime qu'ils doivent être héréditaires, sans division ni mélanges, comme l'étaient les piles d'Espagne ; rien encore de plus simple à exécuter sans attenter en rien aux lois qui nous gouvernent, et j'espère le démontrer bientôt.

L'ancienne loi du cheptel, le faisant-valoir en grand, n'enfanteront jamais rien de solide, jamais rien qui ne soit mesquin, et par conséquent jamais rien d'essentiellement utile ; nous ne marcherions qu'à pas lents, parce que nous n'obtiendrions que des succès sans uniformité. En matière de commerce il ne faut rien d'incertain, il n'y a de durable que les choses déterminées ; c'est un caractère particulier et authentique qu'il importe de donner aux laines de telles ou telles de nos Provinces, pour que le monde commerçant sache qu'on y trouve telle chose. Le Gouvernement n'y parviendra jamais, telle puissance qu'il y mette, s'il n'intéresse par ses encouragemens et ses suffrages, les propriétaires quelconques qui se dévoueront à cette utile entreprise ; plusieurs raisons péremptoires le démontrent, et les voici :

1.º Ce ne seront pas quelques centaines de Brebis qui constitueront ces vastes réservoirs que je nomme piles, il en faut des milliers, parce qu'il faut des milliers de Brebis pour obtenir quelques centaines de bons Béliers, et que quelques centaines de bons Béliers seront encore très-disproportionnées aux besoins réels de l'Agriculture, aussitôt qu'elle prendra définitivement son essor ; car les bons Béliers se renouvelant nécessairement tous les deux ou trois ans, l'activité de l'Agriculture en consommera beaucoup ;

2.º Les grands établissemens sont indispensables, parce qu'il n'y a que chez eux que l'on puisse exécuter les grandes choses, et où il n'y ait d'autre intérêt certain, que celui de mériter comme de conserver une réputation ; car observons bien, Monseigneur, que la probité des grands établissemens est complètement indépendante de celle des personnes, puisqu'elle repose sur l'intérêt ; tandis

que la probité des personnes est constamment accidentelle, ainsi que notre nature morale ;

3.° S'il n'existait pas de grands établis-emens constamment dirigés par la même main ou par les mêmes
principes, comment les remplacerait-on pour atteindre
à l'uniformité ? Ou ne remplacera pas leurs effets
par les émanations successives de quelques troupeaux aujourd'hui un peu plus considérables que
d'autres, et qui en éparpillent de plus petits ; pour
tomber dans de telles erreurs, il faudrait bien mal
connaitre l'Agriculture et surtout les hommes ; car
d'abord, ce ne sera point un simple Cultivateur,
achetant primitivement huit ou dix bonnes Brebis,
dans la seule et honnête intention de se dispenser par
la suite d'acheter de bons Béliers, qui donnera un
caractère positif aux laines d'un pays, il s'en servira
pour assurer son métisage sans plus dépenser d'argent ; mais quand il aura enfin conquis l'entière
apparence, il est au moins à craindre qu'il s'en
trouvera de certains qui s'étourdiront sur leur origine,
et qui, s'ils le peuvent, vendront tout simplement
pour pur, ce qui ne sera néanmoins que métisé ;
alors où sera la race et l'uniformité qui ne saurait
avoir de tels berceaux.

Ensuite, s'il n'existait pas de grands dépôts publics constitués comme propriétés de famille ; d s
familles ayant un intérêt positif à ne point se divise,
chaque héritier venant à exercer son droit de suc-
cession au partage, exploiterait à sa manière, et

5.

nous subirions encore comme Etat, tous les inconvéniens dont mon système voudrait le garantir; car de subdivisions en subdivisions graduelles, résultantes de la loi des partages, ou de l'incapacité personnelle, le plus bel établissement de la France serait bientôt évaporé.

N'est-il pas évident au contraire, que si un grand établissement possédait je suppose trois mille Brebis, il y aura d'abord beaucoup plus de chances en sa faveur pour obtenir de la nature quelques Béliers entièrement distingués, qui serviront de souche à de nouveaux, que dans un établissement qui n'en comptera que trois cents ?

Et si cet établissement de trois mille Brebis peut seulement obtenir annuellement trois cents bons Béliers de vente, il prendra nécessairement une influence considérable, positive et uniforme, sur les laines de la contrée qui aura mis sa confiance en lui.

Ce sont, Monseigneur, toutes ces combinaisons mille fois retournées dans mon esprit, et les conséquences qui en découlent qui m'ont attaché à mon système ; j'ai souvent eu l'honneur d'en entretenir MM. les Membres de la Société d'Agriculture du Calvados, qui se trouvaient tout à la fois mes juges naturels et irrécusables, puisque, placés sur le terrein de mon exploitation, leur religion était entièrement éclairée ; et si Votre Excellence daignait recourir aux pièces justificatives, sous le N.° 4, ce que la

Société d'Agriculture de Caen a bien voulu délibérer en ma faveur, sous la date du 25 Août dernier, alors j'aurais plus de confiance à lui développer entièrement mon système. Empruntant ses propres expressions, je dirais comme elle :

« Que ma méthode est excellente en la comparant » aux autres ;

» Qu'elle initie à cette exploitation nos plus riches » capitalistes ;

» Que ce moyen est le seul qui puisse compenser » la division de nos Domaines ;

» Que la prospérité de mes troupeaux frappe au » premier coup-d'œil ;

» Et que le succès de ma méthode doit avoir, par » la suite, des résultats infaillibles et l'influence la » plus heureuse sur l'industrie française ».

Je me complais, Monseigneur, dans cette dernière prophétie, si conforme à mes sentimens, puisqu'elle contribuerait au bonheur de la France. Tout me le persuade, et j'oserais prédire à mon tour que rien ne pourra plus empêcher son effet, parce qu'elle est fondée sur la raison, l'évidence des faits, l'exécution réalisée.

Mes établissemens sont aujourd'hui une maison construite, à laquelle il ne manque plus que les clôtures ; mais l'édifice est debout, il existe sur un fonds solide et en effet :

L'exécution de mon système est possible, puisqu'il existe.

L'administration est nulle, puisque je suis mon seul administrateur, et n'ai pour me seconder, que deux simples bergers, qui n'en conduisent pas moins leur troupeau, et dont l'un ne sait ni lire ni écrire.

Ma présence n'a lieu que deux fois par année, et n'est réelle que pendant quinze jours tout au plus. Ainsi, mon système n'exige aucune résidence, ni aucuns frais de régie, ce qui est déjà deux grands points d'obtenus.

Ma régie personnelle est calculée de telle sorte, qu'elle s'administre tout aussi bien à partir de Paris ou d'Evreux, que si j'étais toujours présent ; car que ferais-je dans mes troupeaux, à partir depuis la S.t Michel jusqu'à la S.t Jean suivante, si ce n'est de me convaincre qu'ils mangent et se portent bien ? Or, c'est ce qu'un simple berger, que je récompense, fait certainement tout aussi bien que moi.

Sous le rapport de la dépense : elle est positive, invariable, rien ne saurait être mieux déterminé.

Parlerai-je de ma prévoyance pour la conservation ou l'amélioration des races ? ici je me trouverai sur toutes les autres natures d'administration des avantages incalculables, et en effet :

D'abord la supériorité des nombres, me procure les facultés les plus étendues pour maintenir constamment la séparation des espèces ; je peux même ; dans chaque espèce, pousser ces soins jusqu'aux séparations par force, et il est encore évident que plus je m'étendrai, plus ces facultés augmenteront.

Ensuite, cette séparation de troupeaux, me garantit des principaux ravages épidémiques, comme des défauts de soins, qui ne peuvent jamais atteindre qu'un bien petit nombre d'entr'eux, et, s'il en était ainsi, ce ne serait encore tout au plus qu'un champ grêlé au milieu de la plaine.

Mais tous ces avantages ne sont encore rien en comparaison des conséquences infinies de cette fin dernière qui atteint tous les hommes ; car la sûreté de mes établissemens, leur marche, leur réputation, ne dépendent plus, comme dans le faisant-valoir en grand, de la mort d'un seul homme ; et que serais je, par exemple, devenu cette année, si, faisant encore valoir comme il y a six ans, pour plus de 5o mille francs de fermages, j'avais alors perdu mon régisseur en chef ? Si, au plus fort de la mêlée, il m'était encore tombé sur les bras cette immense régie agricole dont je n'aurais point eu la clef, et à laquelle je n'aurais rien compris ?

Sans cet honnête homme, sans cet homme zélé et intelligent qui vient de mourir ; une régie qui me ruinait déjà, parce qu'elle avait été prise sans aucuns calculs, que rien n'y était organisé dans les proportions requises, que tout le produit des fermes était sacrifié aux moutons, et ne pouvait plus se soutenir qu'autant que, comme antécédemment , on n'aurait jamais eu assez de moutons à fournir à ceux qui les sollicitaient comme faveur à dix louis la pièce, sans cet homme, dis-je, que serais-je devenu quand sortit le funeste décret du 8 Mars 1811 ?

Alors toutes les rentrées disparurent , le carême dura cinq années complètes ; et , pendant ce tems, les moutons , en nombre infiniment supérieur à la proportion utile admise par tous les principes de l'économie rurale , les régies , les bergers , les valets, les servantes , tout , jusques aux chiens et aux poulaillers , concouraient à absorber l'intégrité des récoltes , et à ne laisser au bout de l'année pour seul effectif réel, que l'intégrité des fermages à acquitter.

Et si enfin la perte que je viens de faire du côté de l'attachement , fut arrivée quatre ans plutôt , accablé de toutes parts , il est au moins probable que je n'en aurais pas été quitte pour la terre importante que les moutons m'ont dévorée ; qu'au lieu d'une démolition qui laisse enfin après elle quelques décombres , j'aurais peut-être disparu de la liste des vivans : et en faut-il davantage pour convaincre mes lecteurs, qu'un système qui sauve tout au moins de si grands dangers , peut avoir son mérite, et est bien préférable au faisant-valoir en grand, qui n'offre plus à mes yeux d'autre image que les caractères certains du plus haut degré de folie auquel l'homme puisse atteindre , quand il n'est pas né fermier.

Dans ma méthode, toutes les chances sont couvertes, puisqu'il n'y a pas de régie, et comme il n'en est pas que je n'aye courues, quand la mort a moissonné d'autres fermiers tenant mes troupeaux, et d'autres encore qui ont quitté leur ferme le bail étant épuisé, j'ai passé par toutes les épreuves, dont aucune n'ayant seulement altéré ma marche vers une amélioration annuelle et évidente, je ne m'en suis que mieux affermi dans les principes que j'ai adopté.

Je les crois donc essentiellement bons, et je suppose maintenant que ma famille, que d'autres familles, ou que des sociétaires qui équivalent, venant à les adopter, non seulement ils trouveront dans mon exemple toutes les difficultés vaincues, mais encore que j'ai débuté par mettre à exécution les combinaisons les plus compliquées, et que voici :

Les troupeaux que je dirige sont loin de n'appartenir qu'à moi, ils ont à la vérité la même origine, ils sortent de la même souche, ils ne se sont jamais quittés, mais ils appartiennent à cinq propriétaires différens, et il y a en outre un sixième propriétaire qui a son petit intérêt personnel et foncier dans l'une des cinq propriétés.

Cependant par la seule force de l'ordre que j'ai établi, tout se passe aujourd'hui d'une manière si simple et si correcte, que toutes les propriétés sont parfaitement distinctes, les produits de chaque lot entièrement séparés, qu'il existe infiniment peu de mélanges, et que tous les jours, comme à toute heure, je pourrais prouver à Paris, par pièces authen-

tiques, la vérité des choses existantes dans un établissement placé à 60 lieues de moi, et je prouverais
encore que pour donner à chaque instant, d'une
manière authentique tous ces minutieux détails, il
me suffit d'enregistrer de tems en tems le rapport
d'un simple berger, qui m'informe de quelques
mutations ; or, je ne connais rien de plus compliqué
que de maintenir la séparation exacte des intérêts et
des choses, dans une administration commune, dont
toutes les ventes se font, en outre, à 30 lieues de
l'établissement ; mais la machine marche actuellement sans efforts, parce que tous les rouages en sont
bien engrenés ; et cependant, Monseigneur, il s'en
faut de beaucoup que ce soit la le modèle que je me
permettrais d'offrir au jugement de votre Excellence,
ainsi qu'à l'intérêt social. Une chose de circonstance,
n'est point un principe, je n'en admets de bons que
ceux qni sont nes sur tous les points, et je cherche
un mécanisme si fortement constitué, que quand bien
même il arriverait qu'une ou plusieurs des pièces
fondamentales viendraient à manquer, la seule force
de l'impulsion donnée continuât le mouvement indépendamment des choses et des personnes, et c'est
vers cet objet que vont marcher toutes mes idées
définitives.

Dans celles que je me suis créées, touchant le bien
public, je désirerais donc obtenir du tems comme
du véritable et solide intérêt de mes collaborateurs,
que ces grands établissemens de pure race devinssent,

non pas la propriété d'une personne , puisque les lois qui nous régissent , n'autorisent plus d'aussi importantes substitutions , mais celle des familles ou de quelques sociétés qui équivalent.

Je voudrais que cette chose publique ne fût plus viagère , mais qu'elle pût conserver la même administration , les mêmes soins , la même garantie nationale , indépendamment des tems et des personnes.

Je ne vois rien au monde de si simple à nous assurer que ce résultat , du moment que le principe organisateur certain a été trouvé , et comme le calcul décimal , si simple en lui-même , a aussi été trouvé , c'est lui qui va servir de base au développement de mes opinions.

Je suppose , par exemple , qu'une société , un père de famille , ou plusieurs membres d'une même famille , possèdent aujourd'hui , ou se procurent séparément ou en commun , une souche *bien authentique* de quatre cents Brebis portières , plus ou moins , le nombre n'y fait rien ; il n'y a que *l'authenticité de la souche* , dont il faut absolument que l'opinion publique , fondée sur l'expérience des résultats , ait préalablement consacré l'origine.

Tous les nombres donnés se composent de dixaines , celui de 400 en fournit 40 , et attendu que tout ce qui émanera dans la suite de cette souche primitive , ne changera rien au principe , il n'y aura donc jamais que 40 dixaines , et conséquemment 40 actions.

Si cette société , si cette famille s'imagine que l'on peut fonder un monument public sur des principes douteux , si elle courre le bon marché dès son début , ne voit dans son entreprise que de l'argent ; si elle n'est pas d'avance entièrement convaincue que *le seul* moyen d'en gagner dépend totalement du mérite de la première acquisition ; qu'elle se garde bien d'entreprendre , car je lui prédis d'avance qu'elle sera sans succès , et que sans titres constitutifs , nos lumières sont déjà trop avancées pour qu'il ne soit pas même du devoir de l'opinion , d'exiger les preuves de son origine , si elle prétend s'en arroger les utiles priviléges.

Nous n'en sommes plus maintenant au début: les Cultivateurs se connaissent à merveille en Moutons, ceux qui se sont depuis long-tems livrés à cette spéculation , savent par cœur la plupart des généalogies et seront les mentors des débutans; si telles ou telles généalogies ont insensiblement mérité leur confiance par la bonté des résultats qui en sont sortis , ils se garderont bien de les abandonner , et quand bien même ils ne les conseilleraient pas à ces débutans , ceux-ci sauront au moins que tel ou tel a réussi , et qu'il a réussi en se procurant des Béliers ou des Brebis dans tel ou tel troupeau ; ainsi , le mérite de la souche est tout , sans le mérite de la souche rien ne saurait prospérer , et il faut franchement adopter les bannières de la race pure , ou celles du métisage. Tout mélange doit être sans crédit , parce qu'il n'en mérite aucun, il ne sera jamais que du métisage plus ou moins avancé, et il viendra constamment des époques où les cultivateurs reconnaîtront qu'un Bélier sûr et plus cher, est toujours bien meilleur marché qu'un douteux :

Ainsi point d'établissement sans principe certain,
Point de succès sans mérite reconnu.

Les petites délations, les jalousies, les calomnies, ne sont rien, ne peuvent et ne pourront rien contre un grand établissement, dont les ventes produiront constamment des résultats heureux, parce que l'acquéreur ne cherche et ne peut pas désirer autre chose : c'est un roc contre lequel de petites vagues se briseront éternellement.

De même toutes les intrigues, tout le jargon, les menées sourdes et jusqu'à l'audace des imposteurs, échoueront au creuset de l'expérience, dans lequel il faut, en cette espèce, nécessairement se placer.

Ces principes bien établis, j'en reviens à ma fondation de quatre cents Brebis, donnant 40 dixaines.

Ses produits de la première année seront nuls, tout ce qu'elle peut en tirer ne consistera que dans l'excédant de la vente des laines sur la dépense des pensions, mais, attendu que celle des Brebis est nécessairement la plus chère, il ne doit y avoir que balance entre la recette et la dépense, ou à peu près.

La seconde année offre déjà une très-grande différence que voici , et l'actif de cette famille ou de cette société se composera, ou pourra se composer.

1.° De l'excédant que lui rapportera la tonte des Agneaux de l'année précédente , au-delà du prix de leur pension , ce qui est déjà assez marquant ;

2.° De la vente des Moutons anthenois, nés l'année précédente ;

3.° De la vente de quelques très-beaux Béliers ;

Si cet établissement veut fonder son crédit, il ne doit en vendre que de très-beaux , surtout dans le commencement, et les vendre ce qu'ils valent, s'il ne veut pas se déprécier dès son début, car le monde est ainsi construit, ceux qui ne tiennent point au cours , sont toujours soupçonnés ;

4.° Enfin le produit se composera de quelques Brebis de réforme , qui seront remplacées par les plus fortes anthenoises , mais dans le plus petit nombre possible , car l'essentiel est de ne faire produire les Brebis qu'à trois ans.

Si cette Société ou cette famille s'est constituée dans l'intention de devenir une pile , elle ne vendra pas de long-tems d'autres Brebis que celles entièrement de rebut, et comme déparant la souche ; car cette parure est indispensable pour attirer les regards qui ne se fixent qu'insensiblement par les charmes de la beauté réelle , et c'est ici la jeune fille à marier qui soigne sa toilette.

Tout établissement qui , dès son berceau , vendra des Brebis en proportion de ses récoltes , se casera immédiatement dans une médiocrité éternelle ; cette faute était en quelque sorte indispensable avant la découverte positive du nouveau principe régulateur que je propose , et dont la vaste latitude n'a pas de bornes ; jadis nous marchions dans le précipice , aujourd'hui sur un sol *plane* et affermi.

Si un établissement de pure race qui débute vend ses Brebis , voici ce qui en résulte :

Les revenus des premières années seront considérables en proportion des dépenses primitives , mais ces produits seront dépensés annuellement ; et attendu que les prix baisseront infailliblement un jour , et qu'il se rencontrera aussi dans le monde des personnes ou des sociétés plus sages , qui pourront adopter mes vues entières , ces propriétaires imprudens tomberont en désuétude par plusieurs motifs :

1.° Parce que la valeur intrinsèque peut déchoir des deux tiers ;

2.° Parce qu'une mortalité imprévue peut absorber partie du capital en nature ;

3.° Parce qu'il est constant que tel autre établissement, qui aura préféré ma méthode, pourra peut-être alors compter deux ou trois mille Brebis dans ses étables, qui jetteront bien plus d'éclat, offriront

beaucoup plus de choix aux Cultivateurs et présen-
teront un capital foncier bien différent ; je ne demande et conseille encore bien moins de mettre à la
loterie , j'indique au contraire comment on peut
placer en toute solidité sur une banque utile.

Quand on avance trop vîte on s'essouffle et l'on
n'arrive presque jamais ; si l'on veut vivre et durer
dans mes opinions , il ne faut marcher qu'à pas
comptés ; si la famille ou la société que je suppose a la sagesse de se contenter , durant quelques
années , d'avantages modérés , bien que suffisans , il
est évident que conservant annuellement ses Brebis
la gradation annuelle des descendans aura bientôt
triplé la souche ; parvenu à ce degré , que l'on peut
accélérer ou reculer selon les besoins personnels,
c'est alors que sans perdre de vue les avantages in-
contestables de l'augmentation , on pourra jouir sans
imprudence d'une plus grande ou moins forte partie de ses récoltes de toutes natures , attendu que la
dépréciation de l'espèce ne pourra plus mordre sur
un capital *pécunier* , qui se trouvera triplé dans sa
représentation , et cette mesure me paraît devoir être
le ferme propos de tous ceux qui placeront en Moutons , puisqu'il n'y a que les fous qui jouent leurs
capitaux à la loterie.

Les idées que je propose aujourd'hui avec confiance , étaient inadmissibles avant l'épreuve faite de
mon système , puisque les plus vastes propriétés in-

dividuelles ne pouvaient les réaliser ; car , si sur une ferme de force à nourrir cent Brebis d'une manière utile , on en établit deux cents , en y sacrifiant une plus grande quantité de terres , et ensuite trois cents , en y sacrifiant toute la ferme ; il arrivera que la première centaine eût été utile , la deuxième nuisible , et la troisième destructive.

Il ne faut forcer la nature en rien , ni dans l'économie particulière , ni dans la grande économie politique , il ne faut pas priver la halle de ses attributions légitimes , car le monde bien rangé fut toujours le monde à sa place.

Dans les projets que j'expose , je ne fais violence ni aux personnes , ni aux choses , je veux des Moutons où il en a vécu , je ne veux les augmenter que dans cette proportion sage qui fait que je me sers de leurs propres besoins (les prairies artificielles) , pour fertiliser les terres par les engrais qu'ils y jettent , et qu'au lieu d'appauvrir la halle , ils contribuent finalement à l'enrichir , ainsi que la boucherie , la banque et nos magasins.

Pour atteindre ce but , je suis par mon système un infiniment plus puissant terrier , que le plus grand seigneur d'Espagne , de Bohême ou de Hongrie ; car enfin il faudra bien un jour qu'il s'arrête à l'extrémité de ses districts ou de ses bailliages , tandis que la France entière est le domaine de mes troupeaux.

Il ne faut pas croire que cette méthode puisse

s'organiser spontanément, je suis très-loin de le penser, car il n'est peut-être rien en ce genre dont je ne puisse raisonner par expérience et par exemple; je citerai, que quand il y a six ans, je voulus faire mes premiers essais, croirait-on qu'il m'a fallu battre tous les buissons de la Basse-Normandie pour trouver un Cultivateur assez osé, pour me prendre un troupeau de pure race en pension? que je n'en ai pas trouvé d'autre que mon propre fermier, qu'il y mit encore des conditions trop onéreuses, et qu'un spectre offert à l'imagination de toute la contrée, n'aurait pas mieux défendu ce chemin-là. L'homme, et notamment le Cultivateur, est essentiellement coutumier, il n'obtempère pas aux choses qui parlent à sa raison, il n'entreprend que ce qu'il a vu réussir : il veut avoir palpé; ainsi il ne faudra pas s'étonner que ceux qui voudraient m'imiter, éprouvassent les mêmes obstacles, mais on vient à bout de tout avec un peu de persévérance, quand on a la vérité pour soi, et la preuve en est, que tous mes troupeaux sont aujourd'hui placés de la même manière, et qu'on les sollicite actuellement avec la même ardeur que l'on pourchasserait un bénéfice.

Au surplus, rentrant dans le cercle de mes idées, je dis donc, que si la souche de quarante dixaines se trouve une fois triplée, elle se composera alors de cent vingt.

Peu importe le nombre de dixaines pour lequel tel ou tel premier fondateur aura coopéré, il n'y aura jamais que quarante actions qui auront chacune le quarantième sur la chose lors existante en toutes natures. Ainsi, que l'un ait six quarantièmes, celui-ci vingt, cet autre quatorze, le droit au partage en nature ou en argent n'en sera pas moins net pour chaque action, il n'y aura jamais à faire qu'une division du total net par quarante, pour savoir le revenu net de chaque action ; ce sera le canal de Languedoc dont on touchera le péage, et chacun n'a pas son écluse ou sa voute particulière à gouverner, sans quoi il n'y aurait bientôt plus de canal ni de troupeau.

Si l'un des actionnaires primitifs veut se séparer de la société, et qu'il redemande je suppose six actions en nature, il n'y aura plus que trente-quatre actions dans la société.

S'il veut les vendre ou les céder en tout ou partie, elles auront une valeur mesurée sur le produit annuel et moyen des années précédentes, et il les vendra comme mobiliers productifs.

Si, venant à mourir, cet actionnaire laisse trois enfans, chaque héritier en aura deux.

Tous ces événemens qui sont l'histoire du genre humain, ne portent aucune atteinte à ce qui seul intéresse le public, qui est d'avoir toujours le même établissement, non plus qu'aux droits héréditaires successifs, qui s'exerceront tout aussi correctement par tiers ou sixième d'action, que par vingt actions entières ; et si l'un des actionnaires, pressé par ses

6.

affaires , désire vendre quelques actions qu'il con-
viendrait à l'établissement ou à l'un des actionnaires
de lui racheter , ce seront , ou des actions rem-
boursées par la masse, (qui ajouteront d'autant de valeur à celles conservées), ou une simple mutation de
propriété.

Le fonds essentiel de mon projet tend évidemment
à deux buts certains : immobiliser des troupeaux
dans l'intérêt des familles , dont tous les membres
ne peuvent pas également bien les régir, (ce qui
annullerait cette valeur), et entretenir le feu sacré ,
parce que , s'il n'y avait pas de marche donnée, il
serait fort à craindre que le grand tout n'en vînt à la
confusion des langues, et qu'il ne se trouvât beaucoup
de vierges folles , qui ne sauraient plus où rallumer
leurs lampes.

Il existe déjà en France assez de troupeaux mar-
quans et justement renommés , qui peuvent quand
ils le voudront concourir à réaliser mes idées d'utilité
publique ; je crois leur offrir une pensée qui peut
les séduire , en leur découvrant tous les ressorts d'un
mécanisme réalisé. J'envisage pour ainsi dire comme
une sorte de devoir pour ceux qui sont arrivés ou
touchent à mes nombres en fait de troupeaux , de
contribuer efficacement à nationaliser la race, et je
pense positivement qu'on ne le peut , avec sûreté
pour elle, que dans le plan que je soumets.

Il est si simple en présence de la marche victo-
rieuse qu'il obtient, que déjà ses suites se présentent

à ma vue avec cet ascendant d'autorité que peut obtenir l'existence certaine de Scipion ou de Charlemagne, en fait d'histoire : je vois la Toison d'or conquise par la France, si elle veut croire aux faits et adopter les principes qui les ont produits.

Alors combien d'avantages ne découlent pas de cette toison ? Quelle mine à exploiter pour une industrie aussi active que l'est la nôtre, surtout s'il est vrai de dire que nous possédons par elle la meilleure qualité de laines pour faire de beau drap.

J'y trouve d'abord un tribut considérable entièrement liquidé, ensuite que telles acquisitions que puisse faire le nord de l'Europe, soit en richesse de troupeaux, soit en activité manufacturière, la matière première étant le principe de tout, en fait de marchandises, et les lois de climat invariables. Plus les troupeaux s'enfonceront dans le nord ; plus les laines y deviendront faibles et molles, en sorte que pour pouvoir réaliser les étoffes suffisamment épaisses qu'exige l'âpreté du climat, il sera tout au moins forcé d'avoir recours aux mélanges, et attendu qu'il résulte toujours une immense disproportion entre la consommation réelle qui résulte des besoins généraux, comparativement à ceux du luxe, si le luxe nous engage à aller chercher dans le nord ces pelleteries modernes qui pourront nous fournir un jour de nouvelles combinaisons manufacturières, l'échange sera proportionnel à la masse des besoins de chaque espèce :

Ainsi, non-seulement cette toison nous dispense de payer, mais elle doit encore, dans les décrets rendus par la Providence, nous donner les moyens d'acquérir.

Si je calcule ensuite tous les bienfaits de l'industrie; tant de familles ouvrières soustraites à la mendicité par l'énorme augmentation des fabriques ; certains bras rendus à l'Agriculture par suite de l'invention des mécaniques, compensés dans la masse des emplois différens, par d'autres bras qui se consacreront aux constructions de toutes espèces, ou à l'entretien de ces mêmes mécaniques ; puis les roulages, les transports lointains, les moyens d'échange en nature, qui refluent vers la Banque de l'Etat, et qui économiseront au moins, s'ils ne font même arriver un jour, quelques-uns des galions du nouveau monde.

Si, descendant ensuite d'un théâtre pour moi si élevé, je rentre dans les domaines plus modestes de l'agriculture, j'y trouve aussi plus d'engrais versés sur nos terres, celles trop stériles devenues productives d'une autre manière, par la raison si simple qu'après en avoir obtenu quelques prairies artificielles, elles en seront plus meubles, et de tems à autres, susceptibles de supporter une levée quelconque en grains.

Ensuite, les subsistances saines qu'elles fourniront aux troupeaux, converties en fumiers suffisans pour qu'une bien moindre surface de meilleures terres garnisse beaucoup mieux nos halles.

Puis arriveront aussi par l'Agriculture, des mar-

chés mieux fournis , des viandes plus abondantes ,
des magasins mieux remplis , la nature moins souf-
frante , et l'homme enfin mieux vêtu.

Je sais , Monseigneur , que parmi de si nombreux
bienfaits , il en existe beaucoup qui n'apparaissent
encore que dans le lointain ; mais si Votre Excellence ,
assise sur un pic plus élevé , se plaît à jouir d'une
vue plus étendue , elle saisira d'un coup-d'œil tous
les objets qui n'appartiennent point à mon horizon ,
elle s'attachera alors à cette toison dont l'Agriculture
vient aujourd'hui lui faire hommage ; sa justice
couronnera de son suffrage personnel celle de mes
idées qui pourraient être bonnes ; le public , con-
sidérant aussi que je n'écris que sous l'assentiment
de sociétés nombreuses et savantes , qui ont bien
voulu m'accorder les leurs , excusera en moi cette
sorte de témérité apparente , inséparable des idées
que l'on présente en éprouvant tous les effets de la
conviction , et je me sauverai , je l'espère , de la
réputation d'un visionnaire , quand mes lecteurs
auront remarqué que les Autorités locales , mes juges
naturels et qui suivent mes actions , affirment les
mêmes faits sur lesquels je me fonde , et sollicitent
unanimement en ma faveur l'attention comme l'appui
du Gouvernement.

Plus avancé qu'un autre vers le terme désiré d'un
si long voyage , j'arriverai peut-être au port dont
j'ai déjà signalé les vigies ; mes emménagemens
d'hiver de cette année-ci , se composent en femelles

acquises de treize cents animaux ; je ne parle ni des Béliers ni des Moutons qui appartiennent soit à la propagation, soit au Commerce : je ne compte que les souches, attendu que tout le reste ne saurait dater ; mais treize cents femelles qui seront portées à dix-sept cents avant qu'il soit six 'mois, par la naissance des Agneaux qui vont arriver, sont déjà les heureux débuts de l'une des piles françaises que je me suis engagé à créer dans mon premier Rapport; et je crois du domaine de l'intérêt public, que ce monument primitif soit considérablement augmenté, afin de consacrer la solidité de ses bases et en instituer toutes les dimensions.

Il me reste de nombreuses améliorations à faire, j'en connais plus qu'un autre ; mais on n'arrive pas sur-le-champ, et surtout en Agriculture, où il faut labourer bien long-tems avant que de pouvoir semer ; mais je me suis fait avec raison la loi invariable de ne jamais exposer que des faits : je dirai quand je saurai, et alors je n'imiterai pas ces familles avares qui ayant découvert un spécifique heureux, de nature à soulager l'humanité, le lui dérobent d'âge en âge, le circonscrivent dans leur voisinage, et veulent qu'il meure avec elles.

J'appartiens à la France par des sentimens plus attachans, je lui appartiendrai toujours par ceux que mes pères m'ont transmis. Je pense comme eux que tout ce qu'on sait utile doit être promulgué, et qu'une conduite différente est un vol fait à son pays ; je jouis de penser que j'aurai peut-être aussi démontré une chose avantageuse à ma Patrie : ces droites intentions ont dicté ce Rapport, je leur en confie la fortune ; je continuerai de publier les expériences que je saurai bonnes, et mes pas, je l'espère, seront sans lacune, jalonnés par la loyauté.

Conclusions.

Mes conclusions, Monseigneur, ne sauraient être qu'un résumé.

En point de fait, j'ai subi toutes les épreuves, et voici les principes positifs que j'en ai conclu :

Le cheptel légal est le symbole infaillible d'une médiocrité éternelle ;

Le faisant-valoir en petit, une condition absolument fermière, ou tout au plus l'occupation momentanément utile, d'un particulier sédentaire, instruit et intelligent.

Le faisant-valoir en grand ; une entreprise inconsidérée, mal conçue, toujours limitée dans les suites, constamment sujette aux dangers, un gouffre où tout s'engloutit ; c'est enfin le cachet de l'imprévoyance, et je dirai en outre une insigne folie, quand il s'exerce en grand sur des propriétés autres que les siennes.

Ainsi rien de solide dans toutes ces méthodes ;

tout y est accidentel ou viager, on n'y rencontre ancunes combinaisons stables, on n'y trouve rien qui garantisse l'intérêt de la masse, ni qui rentre par conséquent dans ceux de l'Etat.

Dans le mode que j'ai adopté, je trouve au contraire et prouve par le fait :

Economie immense ; administration simple ; fixation positive dans les dépenses ; la présence momentanée du propriétaire entièrement suffisante ; exécution facile ; un appel fait aux capitalistes de venir partager l'industrie ; une extension sans bornes comme sans inconvéniens ; le choix de tous les terreins comme celui de toutes les personnes ; pas de liens qui entravent ; point d'abus à redresser ni de faute à punir, qui ne soit nécessairement partielle ; le prix de la réparation assuré ; une surveillance de droit qui réunit l'autorité de l'exécution provisoire ; le gage d'un dédommagement juste, garanti par l'acte même du placement ; et jusqu'au tribunal de famille, institué d'avance pour juger le délit.

Tous ces faits, Monseigneur, sortent sans contestation du contenu de mon contrat avec les fermiers, imprimé aux Pièces justificatives, et je crois l'avoir d'autant mieux réfléchi, qu'il ne *s'est jamais présenté aucune circonstance à laquelle il n'ait abondamment pourvu.*

On y trouve encore, latitude entière dans les mesures d'administration intérieure, et garantie

positive contre les ravages destructeurs des épidémies
auxquelles sont exposés tous les grands établissemens
réunis , tandis que mes troupeaux étant isolés , rien
de plus simple que de tirer des cordons entr'eux.

En Politique comme en Législation.

Naturalisation définitive et certaine des Mérinos
en France ; création de grands dépôts publics héréditaires , qui deviendront la garantie positive de
l'Agriculture ; rachat foncier d'un tribut très-onéreux
à l'Etat ; moyen unique de suppléer à l'exiguité de
nos domaines ; intérêt personnel comme intérêts de
famille à maintenir héréditairement les choses établies,
et notoirement un moyen de forcer la probité ; le tout
sans attenter aux lois de partage ni aux subdivisions
qui en dérivent ; enfin , un appel fait aux capitalistes
de venir partager l'industrie.

Pour le Commerce.

Moyen également unique d'atteindre à cette uniformité constante , si avantageuse pour lui , touchant
la qualité , l'égalité , le caractère particulier que
prendront infailliblement les laines de telles ou
telles Provinces , parce que ce caractère émanera
nécessairement des piles dont elles tireront leurs
Béliers.

J'ignore, Monseigneur, si je présente bien toutes
mes vues , mais j'avouerai ingénuement que j'ai

acquis cette foi entière qui résulte de faits qu'on ne peut plus me contester, quand ils sortent tous de l'état actuel de mes troupeaux ainsi administrés ; et en effet :

Comment puis-je douter ? Quand la société d'Agriculture de Caen, en relation journalière avec tous mes fermiers, voulant bien assister à mes tontes, suivant mes progrès annuels, dont elle juge officiellement, agit, réclame l'intervention de M. le Préfet du Calvados auprès du Gouvernement, et motive sa conduite par cette dernière phrase de son Rapport :

« Ce système même nous paraît offrir une foule
» d'avantages, sans présenter d'inconvéniens, et doit
» avoir les conséquences les plus utiles pour l'A-
» griculture, le Commerce et la prospérité de la
» France ».

J'avouerai que pouvant me baser sur des opinions aussi graves, je crois avoir déjà prouvé l'excellence de ma méthode ; mais ce n'est pas tout encore, puisque l'Agriculture du Calvados n'a pu prononcer que sur des choses acquises, et qu'il me reste à lui justifier par de nouveaux progrès, que cette méthode atteindra encore l'amélioration des races.

Enfin, mon mode d'exploitation me paraît d'autant meilleur qu'il jouit en outre de cette prérogative toute particulière d'agrandir les idées, parce que rien n'entrave leur essor : C'est un horizon sans

limites , une source abondante qui s'est fait jour à
travers des monceaux d'épines ; et d'où les idées
jaillissent par la facilité même de leur exécution.

Puisse ma manière de juger , étant accueillie par
Votre Excellence, gagner des prosélytes, mériter
les regards attentifs du Gouvernement, lui justifier
des sentimens français , et disposer sa bienveillance
à agréer l'hommage du respect avec lequel j'ai
l'honneur d'être,

MONSEIGNEUR ,

    Votre très-humble et très-obéissant serviteur,

Le Maréchal de Camp , attaché à la 15.^e
Division Militaire , Commandant le Départe-
tement de l'Eure ,

COMTE CHARLES DE POLIGNAC.

PIÈCES JUSTIFICATIVES.

N.° I.ᵉʳ

MINISTÈRE DE L'INTÉRIEUR. (3.ᵉ *Division*.)
BUREAU des Arts et Manufactures.

Paris, le 10 Juillet 1817.

RAPPORT

Sur les draps fabriqués avec les laines provenant du troupeau de M. le COMTE DE POLIGNAC.

« MONSIEUR LE SECRÉTAIRE D'ÉTAT,

» Les Commissaires que vous avez nommés pour
» l'examen des draps fabriqués avec les laines de M.
» le Comte DE POLIGNAC, ont reconnu que ces draps
» sont beaux en général, et tels qu'on peut les faire,
» surtout avec les laines provenantdes plus beaux trou
» peaux de France ; que les trois coupons faits avec
» les toisons entières sont très-remarquables, quoi
» que moindres en qualité que ceux fabriqués avec
» les laines de première sorte. Nous avons surtout
» remarqué le coupon n.°   olive foncé ; nous
» observerons cependant que le résultat n'en paraît
» extraordinaire, qu'autant qu'il aurait été fabriqué
» avec les toisons entières, c'est-à-dire, sans que
» les extrémités des pattes et des cuisses en aient
» été retranchées ; ce qui a lieu ordinairement :
» mais cependant le fait paraît constant, d'après les
» attestations produites.

» Nous dirons à l'avantage du fabricant, que

» son habileté est encore mieux prouvée par la
» fabrication des draps de toisons entières, que par
» celles faites avec des laines primes.

» *Nous avons reconnu que les deux coupons fa-*
» *briqués en laine d'Espagne, sont évidemment*
» *inférieurs à celui fabriqué en laine prime de M.^r*
» DE POLIGNAC, *même à ceux fabriqués avec les*
» *toisons entières.*

» Il résulte de l'examen général que nous avons
» fait de ces fabrications, la confirmation des preuves
» établies en une infinité de circonstances, et par
» beaucoup de fabricans, *que les plus belles laines*
» *d'Espagne ne peuvent faire d'aussi beaux draps*
» *que les plus belles laines de France*, et que celles-
» ci ne peuvent le céder, en finesse et en moelleux,
» qu'aux plus belles laines de Saxe.

» Que des résultats aussi satisfaisans que ceux qui
» ont été soumis à l'examen de la Commission,
» prouvent que les troupeaux de M. le Comte DE
» POLIGNAC, doivent être composés d'animaux de
» choix et de races perfectionnées et entretenues
» par les soins d'un cultivateur éclairé et actif.

» Nous pensons que M. DE POLIGNAC a droit à
» de justes éloges de la part de ses concitoyens, aux
» récompenses et aux encouragemens que le Gou-
» vernement accorde aux particuliers qui se livrent
» à un genre d'industrie, dont les résultats, si
» avantageux à l'Agriculture, aux fabriques et au

» Commerce français , peuvent prendre encore une
» nouvelle extension.

  » *Signés* le Baron DE NEUFLIZE , TERNAUX ,
  » IVART , BARDEL ,
  » *Président* , le Comte DE LASTEYRIE.
   » Pour copie conforme :
 » *Le Sous-Secrétaire d'Etat au Département*
 » *de l'Intérieur,*
   » *Signé* BECQUEY ».

N.° II.

MINISTÈRE DE L'INTÉRIEUR. (3.ᵉ *Division.*)
BUREAU des Arts et Manufactures.

Paris , le 11 Septembre 1817.

« MONSIEUR LE COMTE ,

» La lettre que vous m'avez fait l'honneur de
» m'écrire , le 16 Août , a pour but d'obtenir une
» ampliation du Rapport de la Commission qui a
» été chargée de procéder à l'examen des draps
» fabriqués par M. Guillaume *Lemaître*, avec des
» laines Mérinos provenant des troupeaux que vous
» possédez dans le département de l'Eure et du
» Calvados.

» Je m'empresse d'autant plus volontiers, Monsieur
» le Comte , de satisfaire à votre demande , *que MM.*
» *les Commissaires ont été d'un avis unanime sur*
» *la beauté des échantillons soumis à leur examen,*
» *et sur leur perfection, qui les place même au-dessus*

» des draps fabriqués avec les plus belles laines d'Es-
» pagne.

» Des résultats aussi satisfaisans ne font que me
» confirmer dans la bonne opinion que j'avais déjà
» conçue du mérite de ces produits, qui sont dus sur-
» tout à votre attention constante, ainsi qu'à votre zèle
» éclairé pour tout ce qui peut contribuer à la pros-
» périté de cette branche de notre industrie.

» En vous transmettant la copie du Rapport de la
» Commission, et en vous faisant (suivant votre
» demande) le renvoi des échantillons de drap que
» vous aviez déposés dans les bureaux du Ministère;
» je vous prie, Monsieur le Comte, de recevoir
» l'expression de ma vive satisfaction, et la nouvelle
» assurance de ma considération la plus distinguée,

> » Le Sous-Secrétaire d'Etat au Département
> » de l'Intérieur,

> » Signé BECQUEY.

» A M. le Comte DE POLIGNAC,
  Maréchal de-Camp, Commandant
  le Département de l'Eure ».

N.° III.

ETABLISSEMENS DU CALVADOS.

TROUPEAUX DE PURE RACE, MIS EN PENSION
ANNUELLE PAR M. LE COMTE DE POLIGNAC.

Entre les soussignés, M. Charles-Louis-Alexandre,
Comte DE POLIGNAC, *Maréchal des Camps et
Armées du Roi, Employé dans la quinzième
Division Militaire, Commandant le Département*

de l'Eure, de présent à   commune d
canton d   arrondissement d
département d   et le Sieur
cultivateur à   commune d
arrondissement d
département d   a été convenu de
ce qui suit ; savoir :

Que mondit *Sieur* Comte DE POLIGNAC *, procédant
tant en son nom que comme fondé des pouvoirs de
qui il appartient , place en Pension chez ledit
la quantité de   Brebis portières ,
Anthenoises , devenant Bécardes sans nourrir ;
Agneaux femelles ,   Béliers d'âge ,
Agneaux Elèves Béliers   Moutons
d'âge ,   Agneaux-Moutons ,   appartenant à
toutes bêtes de pure Race Espagnole ,
dite Mérinos ; aux charges , clauses et conditions
suivantes ; Savoir :*

ARTICLE PREMIER.

Le preneur sera tenu de loger , bien nourrir et
soigner en bon père de famille , ledit troupeau ,
comme aussi de lui faire administrer tous les re-
mèdes et médicamens nécessaires , et d'en payer le
berger , le tout à ses frais , s'obligeant en outre à
ne pas le faire parquer.

ART. 2.

Il est entendu et arrêté entre les parties contractantes , qu'elles auront l'entière liberté de leurs
actions , touchant la continuation ou la rupture des

accords qui vont suivre , lesquels ne seront jamais obligatoires que pour une année , qui commencera à courir de la S.t-Michel mil huit cent   , pour finir à pareil jour de la S.t-Michel mil huit cent   , et ainsi de suite , s'il y a lieu ; mais que cependant , et pour ne pas se porter préjudice l'une à l'autre , elles seront tenues de s'avertir deux mois d'avance ; auquel cas elles seront libres de séparer leurs intérêts , sans être tenues à aucun dédommagement.

A r t. 3.

Sera déchargé , le preneur, de toutes les pertes causées par les cas fortuits , indépendans d'une bonne administration, tels que seraient : maladies épidémiques constatées , et de tout ce qui n'appartient point au défaut de soins ou de bonne et suffisante nourriture ; le tout suivant les saisons et les besoins de ces animaux , que le preneur a déclaré bien connaître ; moyennant cependant , que dans tous les cas de mort naturelle ou autres imprévus , ledit preneur sera tenu de rapporter les peaux des bêtes mortes ; mais s'il arrivait que par négligence , gale invétérée , défaut de nourriture , enfin , que par le fait d'une mauvaise et coupable administration , dont il serait justifié par enquête aux frais du coupable , le troupeau vint à dépérir , serait dès-lors le propriétaire autorisé , sans autre titre que les présentes , (*préalablement, et dès le moment même*), à faire fournir au troupeau les fourrages et autres alimens dans la

7.

quantité d'usage en la saison , chez les autres fermiers tenant bien les mêmes troupeaux , le tout aux frais du preneur , comme sans préjudice de ses autres poursuites , à l'effet d'obtenir des dommages et intérêts proportionnels et à dire d'experts , en calculant ces dommages d'après le cours justifié qu'auraient eu l'année précédente les animaux de même espèce en première qualité , dans l'ensemble dudit Etablissement. Convenu , en outre , que les experts à ce nommés , prendront pour point de comparaison , les troupeaux de même espèce , tenus par les autres fermiers du même arrondissement : que les dédommagemens et frais accordés par leur décision , seront d'abord imputables sur le prix de la Pension , et le surplus , s'il y a lieu , sur tous les biens du preneur: et c'est à l'effet d'obvier comme de prévenir des extrémités toujours si fâcheuses pour les deux parties , qu'il est de convention expresse , *sans laquelle le présent n'eut eu lieu* , qu'aussitôt que des pertes notoires , des maladies épidémiques ou le dépérissement d'un troupeau viendraient à éclater , serait , le preneur , tenu à l'instant même , d'en donner avis direct à M. DE POLIGNAC , comme d'en informer en même-tems M.   son Agent d'affaires , qui s'y transporterait immédiatement , en prendrait connaissance , vérifierait les causes , y porterait secours , et sauverait ainsi aux parties contractantes la nécessité , toujours pénible et fâcheuse d'en venir à des poursuites plus graves.

Art. 4.

Convenu aussi entre les parties contractantes, que les laines comme les animaux, ainsi que toutes les dépendances du troupeau, sont et demeureront, *sans exception*, la propriété exclusive du bailleur, sans que le preneur puisse en rien prétendre ou détourner, ni qu'il puisse y adjoindre ou permettre que son berger y adjoigne des bêtes étrangères audit troupeau, *fussent-elles de pure race.* Convenu néanmoins que, si dans l'avantage du troupeau, il arrivait que pour obtenir certaines pâtures de convenance, qui procureraient un parcours utile, il fallût consentir à y adjoindre quelques bêtes indigènes, ce ne serait jamais que des Moutons qui, nuitamment encore, stabuleraient à part, pour éviter qu'ils ne s'emparent des rateliers du troupeau. Que jamais aucunes Brebis étrangères, *fussent-elles pures*, ne seront adjointes audit troupeau; et qu'encore, pour y réunir des Moutons indigènes, il faudra préalablement en avoir obtenu l'agrément par écrit, dans lequel le bailleur en aurait spécifié la quantité et les causes.

Art. 5.

Se tient d'avance, le preneur, pour bien averti, qu'attendu que le succès comme la bonté des Élèves appartiennent entièrement à une nourriture saine et bien suivie, il conservera toujours des varets d'hiver ou autres pâtures en suffisante quantité pour bien substanter son troupeau, depuis le 15 Juin jusqu'à la moisson; que jamais il n'y suppléera par le paccage des herbages, non plus que des prairies basses, dans lesquelles pourraient se rencontrer des nourritures dangereuses ou mal saines, et que la moindre infraction à cette cause spéciale, *considérée comme faisant partie de la sûreté du capital, serait sans rémission*. Sera d'ailleurs, M. DE POLIGNAC, par lui ou son fondé de pouvoirs, seul maître de disposer de son troupeau comme bon lui semblera, de fixer l'époque de la tonte qui s'en fera en sa présence, ou sur son autorisation par écrit, ou celle de son représentant ; le tout aux frais dudit preneur, qui sera en outre tenu d'en transporter les laines, et sans rétribution, au lieu qui lui sera indiqué dans la ville voisine, et qu'enfin, dans la saison des ventes, le bailleur aura toute latitude pour distraire dudit troupeau toutes les bêtes marchandes dont il trouverait ou croirait trouver le débit, le tout conformément à l'usage déjà établi ; comme aussi d'y faire les changemens et mutations nécessaires, de telle sorte que les animaux de même force et de même nature se trouvent toujours ensemble, et qu'à l'époque de la S.t-Jean, les Agneaux mâles comme les Agneaux femelles de plusieurs troupeaux, puissent être réunis et ensuite séparés des mères, qui doivent alors se reposer de leur nourriture précédente ; et seront, lesdits troupeaux d'Agneaux mâles et femelles, ainsi réunis, gardés séparément aux frais du preneur, s'il y a lieu, à partir depuis la S.t-Jean jusqu'au jour S.t-Michel, époque à laquelle se constituent les emménagemens d'hiver.

A r t. 6.

Et en outre les charges, clauses et conditions ci-
dessus, acceptées par le preneur, M. DE POLIGNAC
ou ses associés seront, en ce qui les concerne,
tenus de lui payer annuellement, d'une St.-Michel
à l'autre, savoir : *Vingt francs par tête de Brebis
portière, y compris son Agneau ; quinze francs par
tête de Béliers d'âge, ou d'Agneau élève pour
Bélier ; et douze francs par tête de Moutons d'âge,
Agneaux-Moutons devenant Anthenois, Agnelles
devenant Anthenoises, ou Bécardes sans nourrir.*

Ne seront tenus, M. DE POLIGNAC ou ses associés, d'acquitter lesdites pensions que le jour de
Noël ensuivant l'année de pension révolue ; car,
attendu, que le produit des laines étant naturellement
consacré à acquitter ces pensions, et que les laines
qui se coupent dans les environs de la St. Jean (vu
les termes qu'il faut toujours accorder aux acqué-
reurs), ne commencent à s'acquitter qu'à Noël,
il est impossible d'assurer le paiement avant la
recette, et par conséquent le prix de la pension ne
sera de même exigible qu'à Noël.

Passera, ledit bailleur, au preneur, la perte de cinq
pour cent présumée naturelle et au prorata de la souche, le tout sans déduction de prix du fonds de la pension totale ; c'est-à-dire que celui qui aura reçu cent
animaux de souche ou au prorata, et qui rendra
quatre-vingt-quinze animaux de souche bien sains

et bien portans , recevra la pension de cent , sans
déduction du prix ; mais si la perte excédait celle
de cinq pour cent , alors il serait retranché , lors du
paiement , autant de fois douze , quinze ou vingt
francs , selon l'espèce , qu'il manquerait d'animaux
au-delà des cinq pour cent accordés sans déduction.

ART. 7 ET DERNIER.

Convenu enfin entre les parties , que dans le cas
où l'inexécution des présentes forcerait l'une d'elles
à se mettre en règle pour quelque motif que ce
fût, celle des parties qui y aurait donné lieu , serait
enuèrement et seule passible du coût de l'enregis-
trement, comme de tous les frais qui en dérive-
raient , et qu'elles seront toujours libres de faire
enregistrer , à leurs frais , quand bon leur semblera,
sans autre convention que les présentes.

Fait , arrêté et signé double entre les parties ,
après lecture faite

N.° IV.

COPIE du Rapport de la Société d'Agriculture de Caen, à M. le Préfet du Calvados, en date du 25 Août 1817,

Sur l'état lors actuel des troupeaux de M. le Comte DE POLIGNAC.

« Nous, Membres de la Société d'Agriculture et
» de Commerce de Caen, Commissaires délégués par
» M. le Conseiller d'Etat, Comte de MONTLIVAULT,
» Préfet du Calvados, pour lui faire un rapport sur
» les différens troupeaux que possède M. le Comte
» Charles DE POLIGNAC, dans ce département, avons
» remarqué qu'ils étaient parfaitement dirigés et en
» très-bon état, quoique confiés à des mains étran-
» gères ; car M. DE POLIGNAC, possesseur de dix-
» huit cents Moutons Mérinos de la plus belle
» espèce, ne possède cependant aucune propriété
» dans le Calvados.

» Il a adopté pour principe de mettre en pension
» ses Moutons, et de les confier à des Cultivateurs
» riches et honnêtes, auxquels il paie une certaine
» somme par an.

» Ces Cultivateurs sont portés par leur intérêt per-
» sonnel à en prendre le plus grand soin, puisqu'ils
» retirent le double avantage d'être bien payés et de
» se procurer beaucoup d'engrais ; d'ailleurs un

» homme intelligent est chargé de surveiller ces
» troupeaux, au nombre de vingt, tous répartis
» dans les arrondissemens de Caen et de Falaise.

» M. DE POLIGNAC lui même les visite plusieurs
» fois par an; aussi sont-ils parfaitement tenus, et leur
» état de prospérité frappe au premier coup-d'œil.

» Nous n'insisterons pas sur la beauté des troupeaux
» de M. DE POLIGNAC, dont nous avons déjà eu
» occasion de parler souvent, et dont chacun, peut
» aussi se convaincre par lui-même : ce sont des faits
« vérifiés et déjà constatés depuis long-tems. Quand
» on aura visité les vingt troupeaux, on verra qu'ils
» se ressemblent tous; mais qu'il nous soit permis de
» faire observer *combien la méthode de M. DE*
» *POLIGNAC est excellente en la comparant aux autres.*

» L'usage général en France est de diriger par soi-
» même ses troupeaux, en les confondant dans la
» faisance-valoir d'une ferme, ou bien de les donner
» à cheptel : mais en faisant valoir par soi même,
» souvent le propriétaire se ruine, ou du moins
» perd tout le profit que retire le fermier; en don-
» nant en cheptel selon les principes de notre
» législation actuelle, on n'a que de très médiocres
» troupeaux, et beaucoup de propriétaires ont la
» douleur de les voir dégénérer. Le cheptel ordi-
» naire peut convenir aux spéculations en bêtes
» communes, mais non aux Moutons de race pure.

» Par le mode d'exploitation de M DE POLIGNAC,
» un riche capitaliste peut se procurer de nombreux

» troupeaux sans avoir un pouce de terre ; et c'est
» déjà un avantage précieux pour l'Agriculture,
» que de porter de grands capitaux vers un objet de
» culture qui se lie si essentiellement et si producti-
» vement avec les Manufactures et le Commerce.

» C'est une vérité reconnue qu'il est matériellement
» impossible d'exploiter utilement et avec avantage
» des milliers de moutons en faisant valoir soi-même,
» et cependant il est difficile d'avoir de belles races
» quand on en partage le croît. D'un autre côté,
» depuis la révolution, il existe peu de domaines par-
» ticuliers assez étendus pour fournir le parcours à
» un certain nombre de moutons, et les substanter
» en pâturages d'été et en fourrages d'hiver, avan-
» tages qu'ont sur nous les Espagnols, les peuples du
» Nord et ceux d'une partie du centre de l'Europe.
» M. De Polignac évite tous les inconvéniens par son
» système, d'autant plus profitable, qu'il est infini-
» ment simple. Cette régie de vingt troupeaux, que
» l'on croirait d'abord très-compliquée et qui pourrait
» effrayer et dégoûter certaines personnes, est extrê-
» mement facile, et M. De Polignac la dirige presque
» du fond de son cabinet.

» Nous concluons donc à ce que M. le Préfet veuille
» bien recommander au Gouvernement les établisse-
» mens Pastoraux de M. le Comte De Polignac, et
» l'inviter à les prendre sous sa protection spéciale ;
» *le succès de sa méthode devant avoir par la suite des*
» *résultats infaillibles, et l'influence la plus heureuse*

8.

» *sur l'industrie française.* Ces établissemens nous
» paraisent avoir d'autant plus de droit à la protection
» du Gouvernement, que M. DE POLIGNAC a fait de
» grands sacrifices pour les conserver à une époque où
» les Mérinos tombés en discrédit, avaient beaucoup
» perdu de leur valeur. L'Agriculture lui est redeva-
» ble d'un nouveau mode d'exploitation pour les mou-
» tons, dans lequel il associe les grands capitalistes. Par
» son système on supplée entièrement aux vastes posses-
» sions devenues si rares en France ; ce même système
» nous paraît offrir une foule d'avantages, sans pré-
» senter d'inconvéniens, et doit avoir les conséquen-
» ces les plus utiles pour l'Agriculture, le Commerce
» et la prospérité de la France. Nous formons donc
» des vœux pour que l'exemple de M. le Comte
» DE POLIGNAC trouve de nombreux imitateurs.

» *Signé* LE SAUVAGE ; PRUDHOMME, *vice-Secrétaire ;*
» HENRY fils ; H. DE MAGNEVILLE ; PATU, *vice-*
» *Président ;* LAIR, *Secrétaire ; le Conseiller d'E-*
» *tat, Préfet du Calvados,* C.te DE MONTLIVAULT.

» A Caen, ce 21 Août 1817 ».

NOTICE.

Au moment même où l'on imprime la dernière feuille de ce rapport, la Société d'Agriculture du Département de l'Eure, vient de me faire l'honneur de m'adresser une Notice sur les Mérinos, imprimée par ses ordres, comme en vertu d'une délibération unanime dernièrement prise à cet égard par cette Société.

Si je ne consultais que mes intérêts personnels ou ma vive reconnaissance de la bienveillance qu'elle daigne m'y marquer, je devrais sans doute, m'empresser de faire imprimer moi-même cette Notice, que la Société adresse aux Cultivateurs de ce Département, en me citant pour exemple, leur prônant ma méthode, les succès que mes troupeaux ont obtenu devant les Commissaires du Gouvernement, aux expériences de Louviers, et appelant sur moi, comme sur d'autres troupeaux, tels que ceux de MM. *Corbillé* et *Grivel*, la confiance qu'ils méritent ; mais l'ensemble de cette pièce traitant plutôt des calculs et de l'avantage de cultiver les Mérinos, en général, que des moyens de nous en garantir la race et assurer la propagation (but unique et essentiel de ce Rapport), j'ai pensé qu'il devait me suffire d'indiquer cette nouvelle preuve des opinions graves, qui toutes corroborent les miennes, en vertu de faits aussi placés sous les yeux de la Société, et il me semblerait seulement qu'un si grand nombre de preuves réunies, pourraient concourir à fixer l'attention sérieuse du Gouvernement, sur l'influence essentielle et durable que la suite de mes travaux Agricoles parviendront, je l'espère, à obtenir en faveur de l'Etat.

Nota. J'observe aussi, en relisant ce Rapport, que j'ai constamment employé le mot *varets*, qui correspond à celui de *guerets*, parce que c'est celui généralement usité dans l'ancienne Normandie, où j'écris, et notamment dans les actes publics